FORSCHUNGSBERICHTE
DES WIRTSCHAFTS- UND VERKEHRSMINISTERIUMS
NORDRHEIN-WESTFALEN

Herausgegeben von Staatssekretär Prof. Leo Brandt

Nr. 72

Prof. Dr.-Ing. K. Leist, Aachen

Beitrag zur Untersuchung von stehenden geraden Turbinengittern
mit Hilfe von Druckverteilungsmessungen

Als Manuskript gedruckt

WESTDEUTSCHER VERLAG / KÖLN UND OPLADEN

1954

ISBN 978-3-663-03210-6   ISBN 978-3-663-04399-7 (eBook)
DOI 10.1007/978-3-663-04399-7

Forschungsberichte des Wirtschafts- und Verkehrsministeriums Nordrhein Westfalen

G l i e d e r u n g

A. Einleitung . . . . S. 5

B. Die Meßmethoden zur Untersuchung von ebenen Schaufelgittern . . . . S. 6

C. Die Meßinstrumente . . . . S. 12

D. Die Verwirklichung der ebenen Gitterströmung . . S. 17

E. Einige konstruktive Gesichtspunkte für Gittermeßstrecken . . . . S. 20

F. Die Ähnlichkeitsbedingungen . . . . S. 22

G. Zusammenstellung einiger ausgeführter Gitterversuchsstände . . . . S. 25

H. Beschreibung des ersten Gitterversuchsstandes des Institutes für Turbomaschinen der Technischen Hochschule Aachen . . . . S. 30

    1. Zweck und Umfang der Untersuchungen . . . . . S. 30

    2. Entwurf und Beschreibung des Prüfstandes . . S. 31

    3. Das Gitter . . . . S. 31

    4. Das Vielfachmanometer . . . . S. 37

    5. Mengenmessung und Gesamtanordnung . . . . . . S. 40

J. Die Zuströmung . . . . S. 41

K. Durchführung der Messungen und Meßergebnisse . . S. 44

L. Auswertung der Meßergebnisse . . . . S. 55

M. Zusammenfassung . . . . S. 62

N. Literaturverzeichnis . . . . S. 140

Forschungsberichte des Wirtschafts- und Verkehrsministeriums Nordrhein-Westfalen

Die Zahlen in den runden Klammern beziehen sich auf die Quellenangaben im Literaturverzeichnis Seite 144

A. Einleitung

Die Entwicklung von Turbinenbeschaufelungen hat schon einen hohen Stand erreicht, obgleich sie sich in vielen Punkten auf Erfahrungen stützt, die einer systematischen Behandlung schwer oder gar nicht zugänglich sind.

Seit einigen Jahrzehnten wird an verschiedenen Stellen daran gearbeitet, die Strömung in den Schaufelgittern genauer zu untersuchen, um

1. einen tieferen Einblick in den wirklichen Strömungsmechanismus zu erhalten

2. die Verlustquellen zu erfassen und zu analysieren

3. systematische Unterlagen über die Eigenschaften verschiedener Profile zu gewinnen

4. die theoretischen Berechnungsmethoden nachprüfen und stützen zu können.

Trotz dieses intensiven Studiums ist es nur sehr mühsam gelungen, einen tieferen Einblick in den wirklichen, sehr komplexen Strömungsmechanismus zu gewinnen.

Die Methoden zur Untersuchung von Turbinen-Beschaufelungen sind dabei zu hoher Vollkommenheit entwickelt worden. Eine umfassende experimentelle und theoretische Bearbeitung des Problems hat jedoch nicht stattgefunden, obgleich an vielen Stellen damit begonnen worden ist. Der Grund hierfür ist nicht allein in der großen Zahl der Parameter zu suchen, sondern auch in den experimentellen Schwierigkeiten und dem großen Aufwand, der hierfür erforderlich ist.

Für axial durchströmte Beschaufelungen kann man zur Erfassung der grundsätzlichen Vorgänge durch Abrollen eines axialen Zylinderschnittes in eine Ebene eine zweidimensionale Strömung herstellen, die der exakten rechnerischen Behandlung eher zugänglich ist. Man hat damit das Problem auf die ebene Gitterströmung zurückgeführt. Dieser erste Schritt bildet seit langer Zeit die Grundlage zur Erforschung der axial durchströmten Beschaufelungen von Turbomaschinen.

In einem zweiten Schritt ist dann die rotationssymmetrische Strömung in und hinter einem feststehenden axialen Gitter untersucht worden (17).

Dabei treten radiale Geschwindigkeitskomponenten auf, die je nach Größe des Nabenverhältnisses und des Schaufelaustrittswinkels eine Veränderung der Strömungsverhältnisse gegenüber der ebenen Strömung verursachen. An Versuchsergebnissen über den Einfluß der radialen Geschwindigkeitskomponenten, abhängig vom Nabenverhältnis und Schaufelaustrittswinkel, liegt bis heute nur sehr wenig vor.

Der dritte Schritt zur Analyse der wirklichen Strömungsverhältnisse ist die Untersuchung an einem umlaufenden Axialgitter. Auch für diesen Fall existieren einige theoretische Ansätze und neuerdings ist am hiesigen Institut eine experimentelle Bearbeitung des Problems durch Herstellung und Erprobung einer Meßeinrichtung für die Messung der Druckverteilung an hochtourig umlaufenden Turbinenbeschaufelungen gelungen.

Das Ziel aller Untersuchungen über strömungsphysikalische Vorgänge in den Beschaufelungen von Turbomaschinen ist eine möglichst weitgehende Erfassung der Verlustquellen und die Verbesserung des Wirkungsgrades. Gleichzeitig soll durch Vergleichsmessungen am ebenen, am rotationssymmetrischen und am umlaufenden Gitter nachgeprüft werden, ob die Erforschung der ebenen Gitterströmung als wesentliche Grundlage bei der Entwicklung der Beschaufelungen dienen kann, oder ob die rotationssymmetrische bezw. dreidimensionale Gitterströmung infolge von Sekundäreinflüssen, insbesondere beim umlaufenden Gitter, die Ergebnisse grundlegend verändert.

Der vorliegende Beitrag zur experimentellen Bearbeitung des Problems, der vor allem durch die Unterstützung von Seiten des Ministeriums für Wirtschaft und Verkehr des Landes Nordrhein-Westfalen ermöglicht worden ist, entspricht als Untersuchung der ebenen Gitterströmung dem ersten Schritt der geschilderten Reihe von Versuchsgruppen.

B. Die Meßmethoden zur Untersuchung von ebenen Schaufelgittern

Im Folgenden soll ein kurzer Überblick über die bei ebenen Gitteruntersuchungen angewandte Versuchstechnik gegeben werden. Zur Untersuchung der ebenen Schaufelgitter sind in neuerer Zeit drei Methoden erfolgreich verwandt worden:

    a) die Schaufelwaagen
    b) Die Messung der Impulsänderung der Strömung
    c) Die Druckverteilungsmessungen im Gitter

Zu a: Die Messung mittels der Schaufelwaage liefert integrierte Ergebnisse, die grundsätzliche Informationen über die Gesamtwirkung und die Gesamtverluste der Gitter ergeben. Über die Art und den Ursprung der Verluste in den Beschaufelungen sowie deren genaue Analyse gibt diese Meßmethode keine Auskunft.

Schaufelwaagen arbeiten entweder nach dem Reaktionsprinzip (Schema Abb.1) oder nach dem Aktionsprinzip (Schema Abb.2)

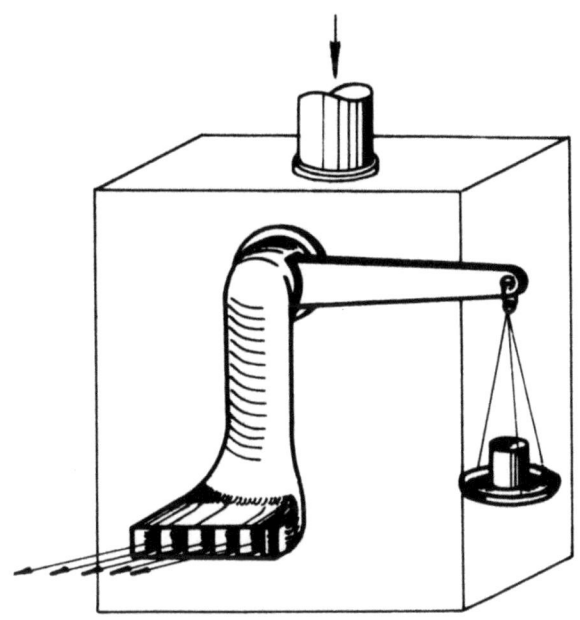

Abbildung 1: Reaktionswaage

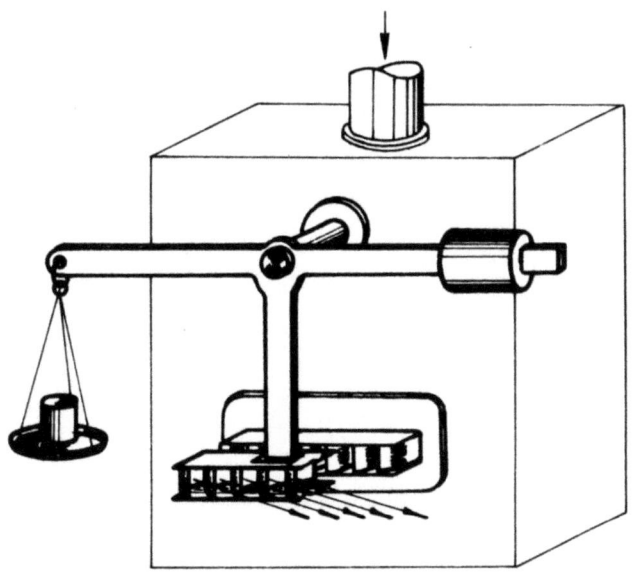

Abbildung 2: Aktionswaage

Abbildung 3 und 4 stellt eine Waage der letzten Art dar, die im Jahre 1937 vom Berichter in Zusammenarbeit mit E. KNÖRNSCHILD in der Deutschen Versuchsanstalt für Luftfahrt erstellt und benutzt wurde (vergleiche hierzu (2)).

Abbildung 3: Ausgeführte Aktionsschaufelwaage (DVL)

Abbildung 4: siehe Abbildung 3

Forschungsberichte des Wirtschafts- und Verkehrsministeriums Nordrhein-Westfalen

Derartige Gesamtverlustmessungen liefern für die praktische Technik vielfach ausreichende Ergebnisse. Insbesondere im Dampfturbinenbau stützt man sich nach wie vor bei der Vorausberechnung auf die Methoden der eindimensionalen Stromfadentheorie, indem man nämlich nicht die Schaufel und ihre Umströmung, sondern den Kanal und seine Durchströmung betrachtet, was bei den Beschaufelungen von Dampfturbinen seit Jahrzehnten üblich ist und wohl auch zulässig erscheint, da die Schaufeln sehr dicht stehen, also die Teilungen klein und die Schaufeln so stark gekrümmt sind, daß man auch bei Anwendung der Tragflügeltheorie nicht viel sicherer vorgehen kann, da die Schaufel mit einem Tragflügel tatsächlich nur wenig Ähnlichkeit hat. Dies ist die Folge davon, daß bei der Dampfturbine mit zunehmendem Dampfdruckverhältnis die Wirtschaftlichkeit steigt, sodaß die umzusetzenden Druckverhältnisse sehr groß sind - beispielsweise bei einem Anfangsdruck von 100 ata und einem Gegendruck von 0,05 ergibt sich ein Druckverhältnis von 1:2000 - während die Gasturbinen bei Druckverhältnissen zwischen etwa 1:2 und 1:10 und dadurch bei kleineren Wärmegefällen zu arbeiten pflegen. Hierdurch sind trotz geringerer Stufenzahl die Schaufeln erheblich weniger belastet und dadurch weniger gekrümmt, so daß sie der Tragflügelform ähnlicher werden. Dies ist ein Vorteil der Gasturbine, denn es ist viel leichter, eine schwachgekrümmte Schaufel mit geringen Verlusten herzustellen, als eine stark gekrümmte, bei der ein Abreißen der Strömung auf der Unterdruckseite des Profils auch bei einem dichten Gitter, also sehr eng stehenden Schaufeln, kaum vermeidbar ist.

Man hat nun allgemein die Verluste bei der Durchströmung des Gitters durch Geschwindigkeitsbeiwerte berücksichtigt, wobei man einfach die Fiktion einführte, daß der Schaufelkanal statt mit der wirklichen Anströmgeschwindigkeit w und mit verschiedensten Verlusten mit verkleinerter Geschwindigkeit $\psi \cdot w$ und ohne Verluste gleichmäßig durchströmt wird. Der Geschwindigkeitsbeiwert ψ, der also gewissermaßen sämtliche Verluste in Bausch und Bogen gemeinsam berücksichtigt, wurde nun in den letzten ca. 60 Jahren durch ungezählte Versuche verschiedenster Autoren für verschiedene Schaufelformen und Betriebsverhältnisse bestimmt. Vom Berichter wurden z.B. im Jahre 1937 in der DVL diese Geschwindigkeitskoeffizienten für bestimmte Schaufelformen vergleichsweise bei verschiedenen Anströmrichtungen eingehend untersucht und bei dieser Gelegenheit die damals noch nicht sehr verbreitete Ansicht bestätigt, daß - wenigstens im Unterschallbereich -

flachliegende und stark abgestumpfte Schaufelprofile, wie sie auf Abbildung 5 mit C bezeichnet sind, auch als Gleichdruckschaufeln günstiger sind als die symmetrischen scharfkantigen, sogenannten Hakenprofile, die mit A gekennzeichnet sind (3).

Es wurde hierbei ein Gitter aus den zu untersuchenden Profilen in verschiedenen Richtungen zwischen 0° und 180° Neigung zur Ebene des Schaufelgitters angeströmt und die Verluste durch Messung des Druckabfalles in den Kanälen bestimmt. Es zeigte sich, daß das Profil C wie gesagt auch bei Anströmrichtungen, die der Abströmrichtung gleich waren, noch höhere Geschwindigkeitsbeiwerte, also geringere Verluste hatte, als das scharfkantige Gitter A.

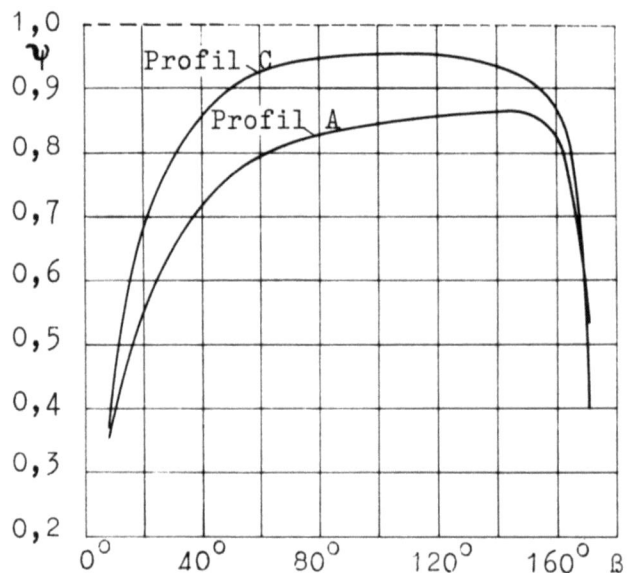

Verlustbeiwert ψ für Profil A u.C (3)

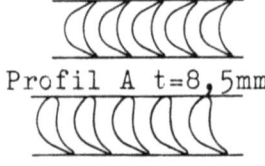

Profil A t=8,5mm

Profil C t=9,3mm

Abbildung 5

Diese integrierende Methode der Verlustberücksichtigung ermöglicht aber natürlich nicht eine fruchtbare Verlustanalyse, da sie nämlich nur die

Größe des Verlustes, nicht aber den eigentlichen Ort und vor allem die Ursache des Verlustes zeigt.

Zu b: Unter den Meßmethoden zur Messung der Impulsänderung steht die Impulsmessung im Nachlauf im Vordergrund. Hinter einem umströmten Körper bildet sich bekanntlich ein Nachlauf, der als lokale Geschwindigkeitsabsenkung erkennbar ist und in verhältnismäßig großem Abstand hinter dem Körper noch auftritt. Durch Abtasten dieser "Geschwindigkeits-Delle" wird der Impulsverlust und damit ein Verlustbeiwert des Gitters bestimmt. Diese Meßmethode, die in neueren Untersuchungen in vielen Fällen benutzt wird, gestattet die Ermittlung der örtlichen Verlustbeiwerte auch längs der Schaufelhöhe. Auch die Schaufelkräfte, wie diese insbesondere für die Beurteilung von Laufradbeschaufelungen wichtig sind, können durch dieses

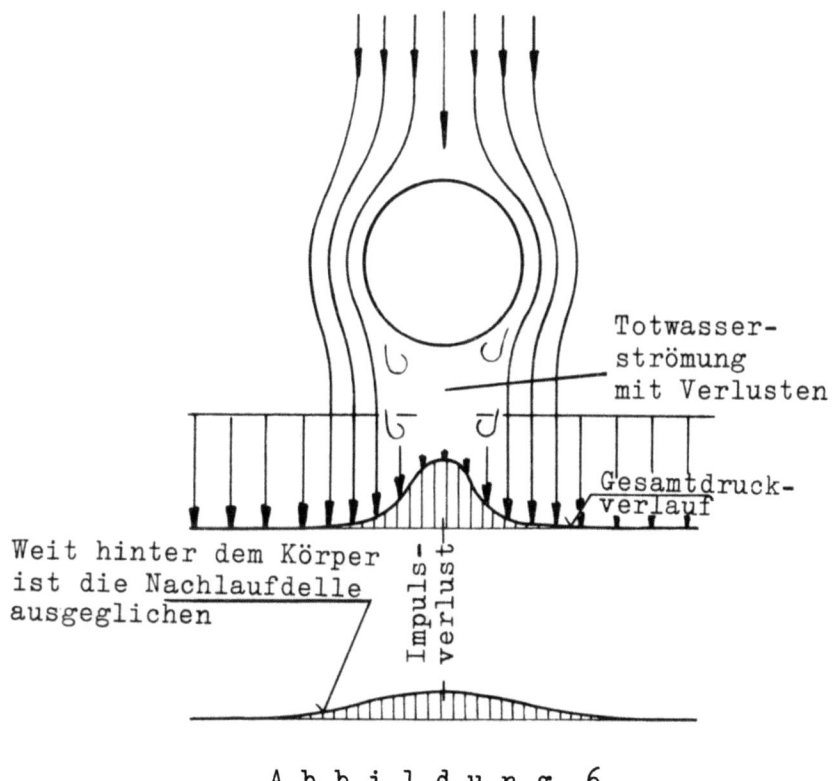

A b b i l d u n g 6

Impulsverlustmengen hinter einem umströmten Körper

Meßverfahren ermittelt werden. Weiter können auch hierbei wieder Gesamtdruckverlustmessungen vorgenommen werden.

Zu c: Die Druckverteilungsmessungen an der Schaufel gestatten die direkte Ermittlung der örtlichen Umfangskraft- und Schubkraft-Beiwerte und sind in besonderem Maße zur Beurteilung der Strömungsverhältnisse am Schaufelprofil selbst geeignet. Sowohl Druckschwankungen wie Abreißerscheinungen lassen sich aus der Druckverteilung erkennen, sodaß auch eine Beurteilung der geometrischen Form des Profils möglich ist. Über die Verluste, die bei der Durchströmung eines Profilgitters auftreten, lassen sich anhand der Druckverteilung keine Aussagen machen. Es ist deshalb sinnvoll, zur vollständigen Beurteilung eines Gitters außer den Druckverteilungsmessungen auch den Nachlauf auszumessen.

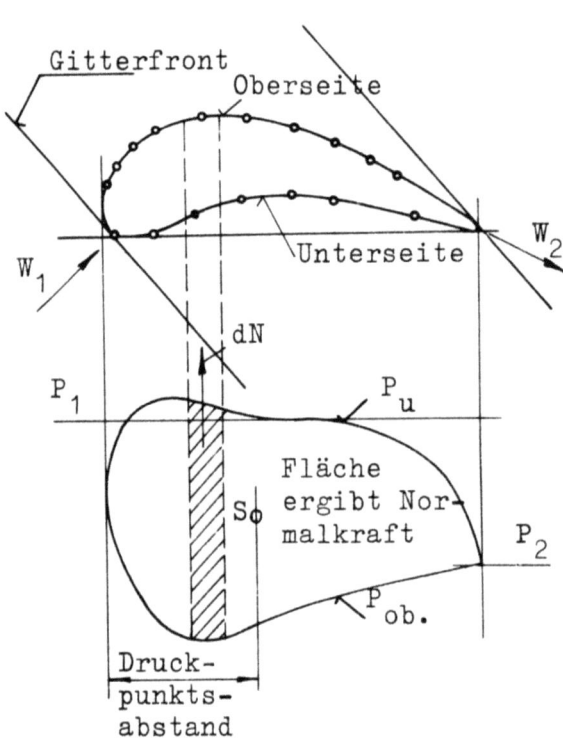

Abbildung 7
Druckverteilungsmessungen am Schaufelprofil

C. Die Meßinstrumente

Bei der Untersuchung ebener Schaufelgitter benutzt man im allgemeinen Druckmeßsonden zur exakten Bestimmung der Gesamtdrücke, der statischen Drücke und der Strömungsrichtung innerhalb der freien Strömung vor und hinter dem Gitter. Für Druckmessungen an Körperkonturen wie z.B. im Zu- und Abströmkanal, insbesondere aber an Schaufelkonturen, werden einfache Wandanbohrungen, die senkrecht zur Oberfläche stehen, vorgesehen. Diese

Forschungsberichte des Wirtschafts- und Verkehrsministeriums Nordrhein Westfalen
___

Methode der alleinigen Messung von Drücken ist für den Fall inkompressibler Medien hinreichend genau, wie im Abschnitt F gezeigt. Bei kompressiblen Medien, also Strömungen mit großer Dichteänderung, ist zwar durch entsprechende Korrekturformeln die Bestimmung aller Größen aus den Druckmessungen grundsätzlich möglich, aber der Zustand des Mediums wird eindeutig durch Druck- und Temperaturmessungen bestimmt. Diese Methode ist im Turbomaschinenbau, wo große Expansionsverhältnisse auftreten, üblich. Die exakte Temperaturmessung ist hierbei ein besonders schwieriges Problem (vergleiche hierzu (1o)).

Über die Einzelheiten der Meßinstrumente findet man in den angegebenen Literaturstellen ausführliche Hinweise. Es sollen daher nur die bei den in Abschnitt K behandelten Messungen benutzten Meßgeräte kurz beschrieben werden.

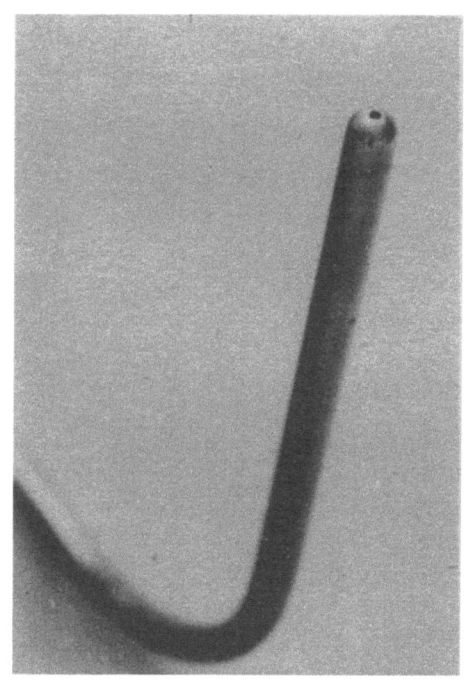 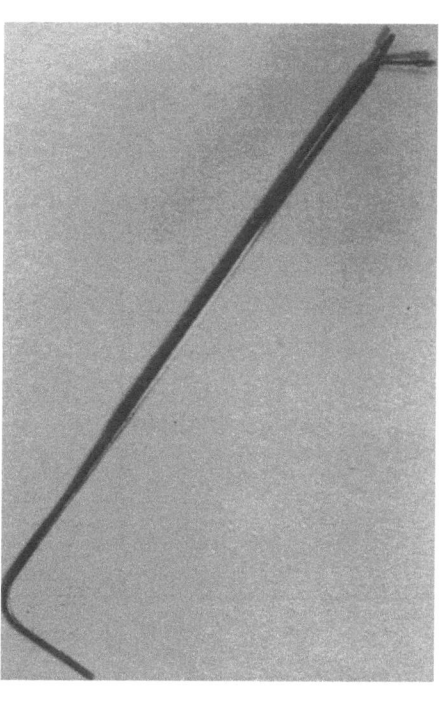

A b b i l d u n g   8   A b b i l d u n g   9

Abbildung 8 und 9 zeigen ein Prandtl - Rohr von 2 mm Durchmesser zur Bestimmung des Gesamtdruckes und des statischen Druckes in einer Strömung. Abbildung 10 zeigt eine Richtungs- und Gesamtdrucksonde von 4 mm Durchmesser.

Forschungsberichte des Wirtschafts- und Verkehrsministeriums Nordrhein Westfalen

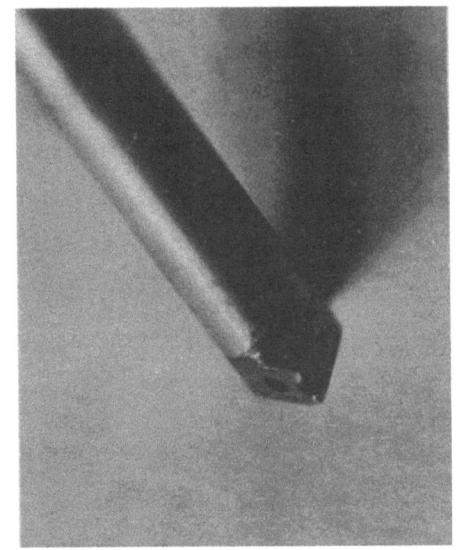

A b b i l d u n g 10
Kopf der Meßsonde

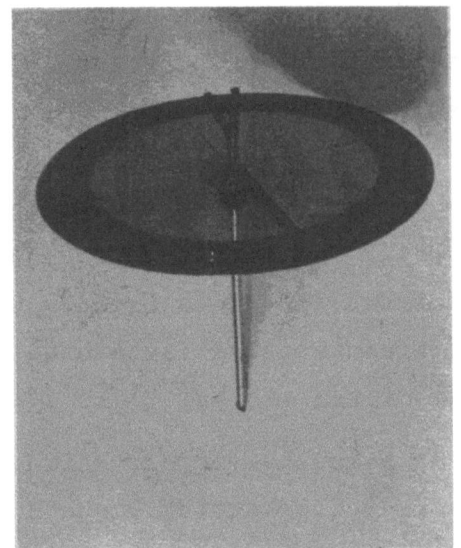

A b b i l d u n g 11
Sonde mit Winkelmeßgerät

In Abbildung 11 ist diese Sonde zusammen mit dem Winkelmeßgerät gezeigt. Solche Dreiecksonden sind nur in Verbindung mit Eichkurven verwendbar. Die Eichkurven für die in Abbildung 10 und 11 dargestellte Sonde zeigt Abbildung 12.

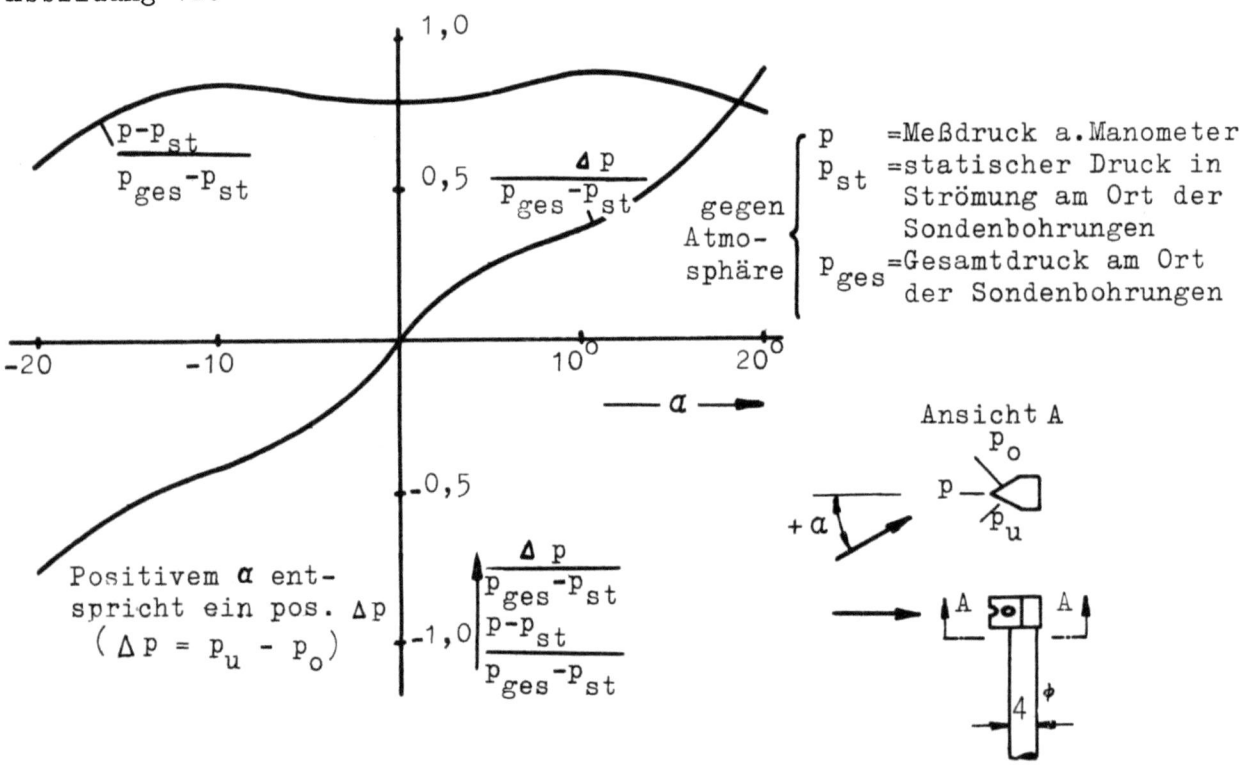

A b b i l d u n g 12

Seite 14

Forschungsberichte des Wirtschafts- und Verkehrsministeriums Nordrhein Westfalen

Man kann auch durch entsprechende Eichkurven den statischen Druck mittels dieser Sonde feststellen. Eine Zylindersonde zur Ermittlung des statischen Druckes und der Strömungsrichtung zeigt Abbildung 13. Der Durchmesser der Sonde beträgt 3 mm. Die Druckmeßbohrungen haben einen Durchmesser von 0,3 mm und sind um 38,4° gegen die Symmetrieebene versetzt gebohrt. Durch die einseitige halbkugelförmige Begrenzung dieser Sonde treten verhältnismäßig starke Störungen am Ort der Meßbohrungen auf, so daß die ebene Kreiszylinderströmung nicht mehr vorliegt und eine Eichung notwendig ist.[1]

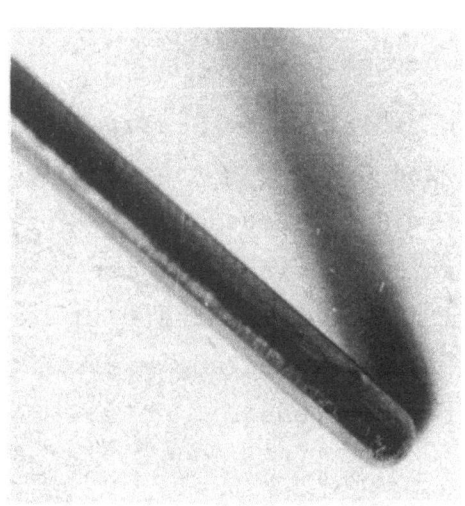

Abbildung 13
Zylindrische Druck- und Richtungsmeßsonde

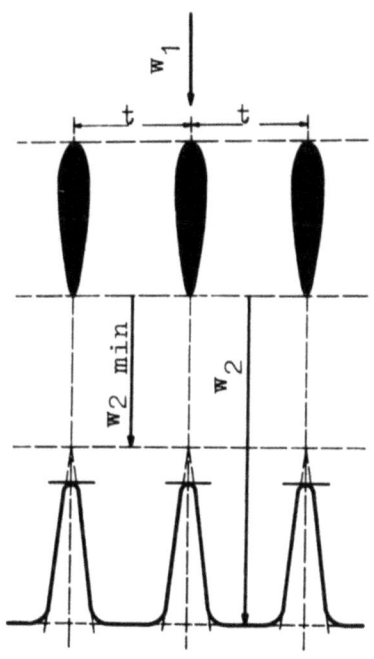

Abbildung 14
Schematische Darstellung der Nachlaufzone hinter einem Gitter

Für die Messung der Drücke werden Prandtl-Manometer (bis 500 mm WS), Betz-Manometer (bis 800 mm WS) und ein in Abbildung 33 dargestelltes Vielfachmanometer benutzt.

Die Strömung durch ein ungestaffeltes Gitter mit symmetrischen Schaufelprofilen zeigt die Abbildung 14. Durch die Wandreibung (Grenzschichten)

---

[1] Alle benutzten Sonden wurden vom Max-Planck-Institut für Strömungsforschung Göttingen hergestellt und geeicht.

entstehen Energieverluste, die sich hinter dem Gitter durch die skizzierten Nachlaufdellen darstellen lassen. Zur Ermittlung dieser Energieverluste muß die Strömung über mindestens eine Gitterteilung durch Sonden abgetastet werden, um aus dem Gesamtdruckverlust geeignet definierte Verlustbeiwerte berechnen zu können. Es ist dabei zu beachten, daß diese Nachlaufdellen unmittelbar hinter dem Gitter noch deutlich meßbar sind, während sie in größerem Abstand vom Gitter abklingen und sich schließlich mit der Kernströmung ausgeglichen haben. Dieser Impulsaustausch zwischen der Nachlaufzone mit geringer Energie und der gesunden Kernströmung mit größerer Energie wird ebenfalls mit Verlusten behaftet sein, so daß zu den durch Wandreibung verursachten Verlusten noch diese Austauschverluste hinzukommen. Über die Auswertemethoden zur Erfassung dieser Verluste ist in den verschiedenen Arbeiten ausführlicher berichtet.

Die in Abbildung 15 dargestellte Strömung im Gebiet einer Schaufelteilung soll zeigen, daß in der Meßebene 1 Richtung und Größe der Abströmgeschwindigkeit w_2 vollkommen homogen sind, während in der Meßebene 2 die Abströmrichtung längs einer Schaufelteilung stark wechselnd ist. Bei der Ausmessung der Abströmrichtung mittels Sonden wird dieser Sachverhalt in der Weise berücksichtigt, daß man einen über die Schaufelteilung gemittelten Wert für die Abströmrichtung hinter dem Gitter errechnet.

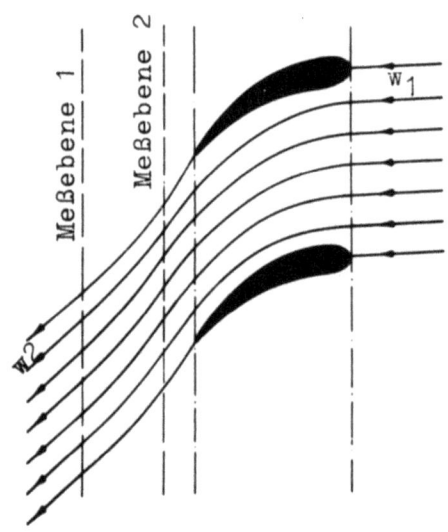

A b b i l d u n g 15

Schematische Darstellung der veränderlichen Abströmrichtung über eine Schaufelteilung dicht hinter dem Gitter (Meßebene 2)

Je kleiner der Sondendurchmesser ist, um so genauer kann die örtliche Abströmrichtung festgestellt werden. Naturgemäß ist den Sondenabmessungen nach unten eine Grenze durch die Herstellbarkeit gesetzt. Benutzt man zur Messung der Strömungsrichtung Zylindersonden mit zwei versetzt angeordneten Anbohrungen nach Abbildung 13, dann läßt sich der Fehler, der bei der Ausmessung einer inhomogenen Strömung entsteht, rechnerisch abschätzen.

D. Die Verwirklichung der ebenen Gitterströmung

Die Strömung des Versuchsgitters soll die Bedingungen der ebenen homogenen Strömung möglichst vollkommen erfüllen. Da diese Bedingung im allgemeinen am besten im Mittelschnitt der Schaufel erfüllt ist, wird die Untersuchung in vielen Fällen auf den Mittelschnitt beschränkt. Die Erfüllung dieser Forderung wird stark beeinträchtigt durch die endliche Zahl der im Versuchsgitter unterbringbaren Schaufelprofile, weiterhin durch die endliche Höhe der Schaufeln, also durch die von den Kanalbegrenzungen

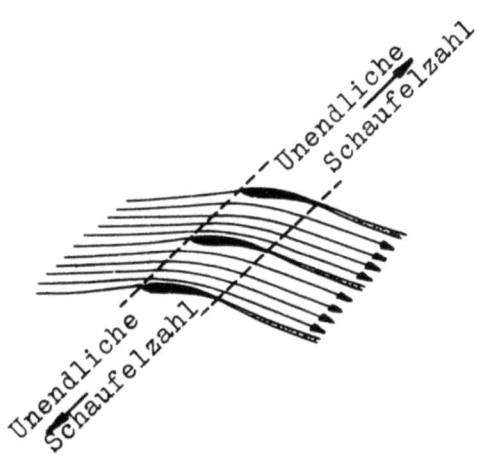

Abbildung 16
Ungestörte ebene Gitterströmung

am Kopf und Fuß der Schaufeln herrührenden Wandgrenzschichten, die die Strömung nach der Mitte abdrängen, und schließlich durch die Führung der Luft im Zu- und Abstrom, wodurch ebenfalls Wandgrenzschichten entstehen.

Abbildung 16 zeigt die ungestörte ebene Gitterströmung bei unendlicher Schaufelzahl.

In Abbildung 17 ist der Strömungsverlauf skizziert, wie er sich bei Vorhandensein von Begrenzungswänden ergibt. Durch die entstehenden Wandgrenz-

Abbildung 17
Strömung in einem Versuchsgitter
mit seitlichen Begrenzungswänden

Abbildung 18
Erzeugung der ebenen Gitterströmung
durch Beseitigung der Grenzschicht

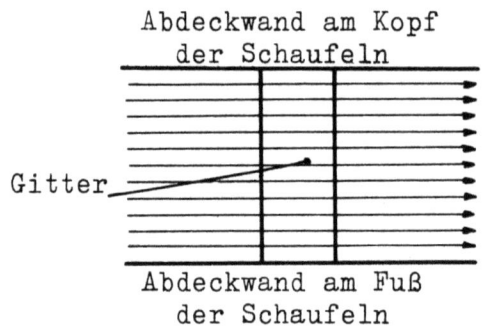

Abbildung 19
Strömung ohne Grenzschichten

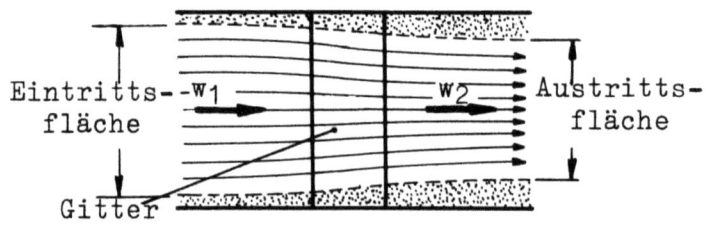

Abbildung 20
Wirkliche Strömung, durch Wandgrenzschichten beeinflußt
(Strahlkontraktion)

schichten wird die Strömung abgedrängt und beeinflußt dadurch die Abströmrichtung und Geschwindigkeit. Bei zu geringer Schaufelzahl im Versuchsgitter wirken sich diese Einflüsse auf die in der Mitte des Gitters liegende Meßschaufel aus. Nach den vorliegenden Erfahrungen sollten nicht weniger als 7 Schaufeln verwendet werden. Durch Beseitigung der Wandgrenzschichten, wie in Abbildung 18 dargestellt, kann die Annäherung der ebenen Gitterströmung auch für begrenzte Kanalabmessungen mit großer Genauigkeit erreicht werden.

Durch den Einfluß der Grenzschicht an Abdeckplatten (vergl. Abb. 19, 20 und 21) kann das Ergebnis der Messungen stark beeinflußt werden. Es entsteht am Austritt aus dem Gitter ein freies Wirbelband. Die Ursache hierfür liegt in der Störung des Gleichgewichts zwischen den infolge der Krümmung der Stromlinien auftretenden Zentrifugalkräften und dem Druckgradienten, der von der Druckseite zur Saugseite des Profils gerichtet ist. Die Zentrifugalkräfte werden im Bereich der Wandgrenzschichten kleiner und es überwiegt der Druckgradient, sodaß eine Sekundärströmung in der skizzierten Form entsteht.

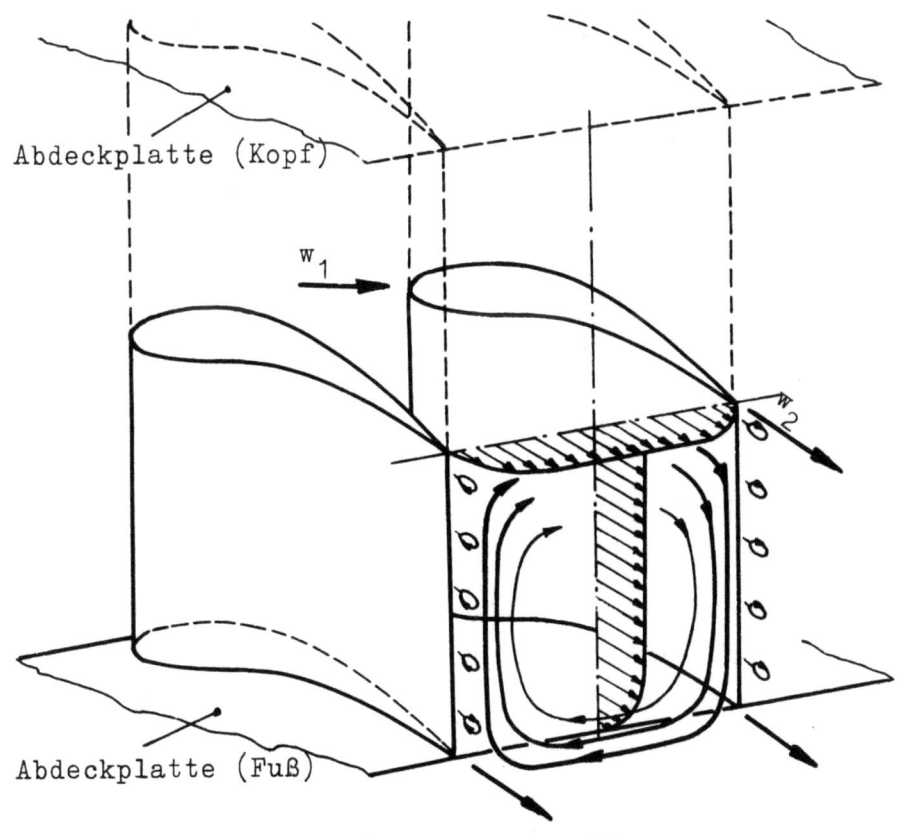

A b b i l d u n g 21
Zur Entstehung des freien Wirbelbandes
beim feststehenden ebenen Gitter

Forschungsberichte des Wirtschafts- und Verkehrsministeriums Nordrhein-Westfalen

E. Einige konstruktive Gesichtspunkte für Gittermeßstrecken

Da zwischen der Zu- und Abströmseite des Schaufelgitters eine Druckdifferenz herrscht, muß entweder der Zu- oder der Abströmkanal gegenüber der Außenatmosphäre geschlossen sein. Das ist ein wesentliches Konstruktionsmerkmal für einen Gitterversuchsstand. Es bestehen nun grundsätzlich zwei Möglichkeiten zur Förderung der Luft durch das Schaufelgitter:

1. durch Absaugen
2. durch Ausblasen.

Im Falle des Absaugens muß der Abströmkanal geschlossen sein. Der Luftstrom wird aus der ruhenden Umgebung vor dem Gitter auf die Eintrittsgeschwindigkeit beschleunigt. Es muß daher die Eintrittsrichtung vor dem Gitter gemessen werden, während die Abströmrichtung in diesem Falle durch den geschlossenen Abströmkanal festliegt.

Im allgemeinen wird die Förderleistung des Gebläses, das die Luft durch das Gitter hindurch befördert, begrenzt sein. Im Absaugebetrieb ergibt sich dabei gegenüber dem Druckbetrieb bei gleichem Volumendurchsatz eine geringere Förderleistung, oder bei gleicher Förderleistung ein verhältnismäßig größerer Querschnitt für die Meßstrecke. Ein weiterer Vorteil des Saugbetriebes ist der, daß sich vor dem Gitter keine größeren Grenzschichten an den Kanalwänden ausbilden können, weil ein langer Zuströmkanal entfällt. Wird jedoch ein solcher angewendet, so ergibt er eine sehr einfache Möglichkeit, durch die Schwenkung der Zulaufkanalwände die Zuströmrichtung zu verändern. Eine solche Konstruktion eines Gitterprüfstandes ist z.B. in (3) beschrieben.

Auch für den ersten Gitterprüfstand des Aachener Turbomaschinen-Institutes wurde diese grundsätzliche Anordnung gewählt. Es sollten an diesem Gitterprüfstand neben allgemeinen Messungen am Beschleunigungsgitter vor allem Vergleichsmessungen zu einem rotationssymmetrischen Gitter durchgeführt werden, das speziell für die Untersuchungen am umlaufenden Turbinengitter verwendet wurde. Die gleiche Profilgeometrie, die gleiche Gittergeometrie und die gleiche Gitterströmung wie sie im Teilkreis des umlaufenden Gitters vorliegen, sollten im ebenen Gitter möglichst genau nachgebildet werden. Dazu war es notwendig, mit Rücksicht auf die veränderlichen Anströmrichtungen (β_1) entsprechend den veränderlichen $\underline{u}/c$ - Werten des mit verschiedenen Drehzahlen umlaufenden Gitters am ebenen Gitterversuchsstand auch die Zuströmrichtung veränderlich auszubilden. Zu diesem Zweck wurden schwenkbare Kanalwände auf der Zuströmseite des ebenen Gitterprüfstandes angebracht. An diesem Prüfstand waren also der Zustrom und der Abstrom hinter der Schaufel geführt. Der mit dieser Anordnung verbundene Nachteil einer gewissen Beeinflussung der Strömung durch den sogenannten Krümmereffekt konnte hierbei in Kauf genommen werden, da sein Einfluß auf die Druckverteilung für den beabsichtigten Zweck vernachlässigbar ist.

In einem im Institut ausgearbeiteten neueren Entwurf eines ebenen Gitterprüfstandes wird das Prinzip des Ausblasens angewendet. Das ist vor allem dadurch möglich geworden, daß eine sehr ergiebige Luftversorgungsanlage im Institut zur Zeit aufgestellt wird.

Die wesentlichen Merkmale dieser neuen, im Vergleich zum ersten Meßstand erheblich vervollkommneten Ausgestaltung des geplanten Gitterprüfstandes sind:

1. Geführter Zustrom und freier Abstrom
   Dadurch ist der Krümmereffekt ausgeschaltet worden und die freie Abströmung kann genau gemessen werden.

2. Kontinuierliche Veränderung der drei wesentlichen Parameter für eine Gitteranordnung

   a) Zuströmwinkel β_1 (entsprechend veränderlichen $\underline{u}/c$ - Werten eines umlaufenden Gitters)

   b) Schaufelwinkel β_s (sämtliche Schaufeln sind schwenkbar um ihren Profilnasenmittelpunkt)

   c) Teilungsverhältnis t/l

3. Die Möglichkeit der Grenzschichtabsaugung

Die Größe des Kanalquerschnittes für die Gittermeßstrecke ist so ausgelegt worden, daß bei voller Inanspruchnahme der vom Kompressor gelieferten Luftmenge Geschwindigkeiten erreicht werden, die den Reynoldszahl-Bereich überdecken, der auch für den Turbinenversuchsstand in Betracht kommt. Da der Machzahl-Bereich für diesen Gitterprüfstand für die zunächst in Betracht gezogenen großen Schaufellängen nicht über 0,5 hinausreicht, kann die Strömung immer als inkompressibel betrachtet werden.

F. Die Ähnlichkeitsbedingungen

Für Strömungsvorgänge, die an Modellschaufeln untersucht werden, genügt neben der Einhaltung geometrischer Ähnlichkeit der Schaufelkonturen im allgemeinen die Einhaltung der Bedingung dynamischer Ähnlichkeit:

1. Die Reynoldszahl: $Re = \dfrac{w \cdot l}{\nu}$

2. Die Machzahl: $Ma = w/a$

3. Die relative Rauhigkeit $\varepsilon = \dfrac{k}{l}$

4. Der Adiabatenexponent : $\varkappa$

Darin bedeutet:

w = Bezugsgeschwindigkeit
l = Bezugslänge
ν = kinematische Zähigkeit
a = Schallgeschwindigkeit des Mediums im Bezugspunkt
k = Rauhigkeitsgröße (abhängig von der Herstellung)

Es ist im Versuchsbetrieb oftmals schwierig, alle Ähnlichkeitsbedingungen gleichzeitig zu erfüllen. Kann volle Gleichheit der Kenngrößen nicht erzielt werden, so ergibt sich ein Maßstabsfehler, der, wie die Erfahrung gezeigt hat, in vielen Fällen in erster Annäherung zulässig ist. In besonderem Maße trifft dieses für die Einhaltung des Adiabatenexponenten $\varkappa$ zu. Es ist z.B. möglich, die strenge Ähnlichkeit für Strömungen von überhitztem Dampf ($\varkappa = 1,3$) und von Luft ($\varkappa = 1,4$) zu verwirklichen.

Durch die Bedingung der gleichen Machzahl ist die erforderliche Strömungsgeschwindigkeit und damit das Druckverhältnis festgelegt. Mit der Einhaltung der gleichen Reynoldszahlen ergeben sich dann zwangsläufig die absoluten Abmessungen des Modells.

Der Übertragungsmaßstab der Oberflächenunebenheiten von Modell und wirklicher Beschaufelung wird durch die relative Rauhigkeit festgelegt. Die Oberflächenrauhigkeit, welche von der Herstellung abhängt, beeinflußt den

Strömungszustand für bestimmte Reynoldszahlbereiche. Sofern die Machzahl nicht zu hoch liegt, also die örtliche Geschwindigkeit nicht zu nahe an die örtliche Schallgeschwindigkeit heranreicht, unterscheidet sich die Strömung sehr wenig von der eines inkompressiblen Mediums. In solchen Fällen kann die Bedingung der gleichen Machzahl für die Modelluntersuchung vernachlässigt werden. Man ist dann nur an die Einhaltung der Reynoldszahl gebunden, was sich im allgemeinen gut erreichen läßt. Der Einfluß der Kompressibilität auf Druckmessungen ist bei hohen Ma = Zahlen nicht zu vernachlässigen.

Allgemein ergibt sich:

$$\boxed{\frac{P_{ges}}{P_{stat}} = \left[1 + \frac{\varkappa - 1}{2} \cdot Ma^2\right]^{\frac{\varkappa}{\varkappa - 1}}}$$

Durch Entwicklung in eine Reihe erhält man hieraus:

$$\frac{P_{ges}}{P_{stat}} = 1 + \frac{\varkappa}{2} \cdot Ma^2 + \frac{\varkappa}{8} Ma^4 + \cdots$$

wenn

$$\frac{\varkappa - 1}{2} \cdot Ma^2 < 1$$

Wird die Reihe nach dem zweiten Glied abgebrochen, so ergibt sich

$$\frac{P_{ges}}{P_{stat}} = 1 + \frac{\varkappa}{2} \cdot Ma^2$$

für inkompressible Medien. Setzt man

$$P_{ges} = P_{stat} + \frac{\varrho}{2} w^2 \quad \text{und} \quad Ma = \frac{w}{a}, \quad \text{so wird} \quad \frac{\varrho}{2} w^2 \cdot \frac{1}{P_{stat}} = \frac{\varkappa}{2} \cdot \frac{w^2}{a^2},$$

wobei $P_{stat} = \gamma \cdot R \cdot T$ und $a = \sqrt{g \cdot \varkappa \cdot R \cdot T}$

Der dynamische Druck aus der Staudruckmessung bei Berücksichtigung der Kompressibilität läßt sich aus der Reihenentwicklung durch Hinzunahme eines weiteren Gliedes weitgehend erfassen.

Hieraus wird:

$$\frac{P_{ges}}{P_{stat}} = 1 + \frac{\varkappa}{2} \cdot Ma^2 \cdot \left(1 + \frac{1}{4} Ma^2\right)$$

$1 + \frac{1}{4} Ma^2$ = Korrekturfaktor für den Kompressibilitätseinfluß

$$\boxed{\frac{\varrho}{2} w^2 = \frac{P_{ges} - P_{stat}}{1 + \frac{1}{4} Ma^2}}$$

Bei Vernachlässigung des Kompressibilitätseinflusses wird die gemessene Geschwindigkeit zu groß bestimmt. Bei den durchgeführten Untersuchungen war der Einfluß der Kompressibilität nicht zu berücksichtigen, da die Machzahlen 0,47 nicht überstiegen.

Die folgende Tabelle und das Diagramm zeigen, daß die Abweichungen des Verhältnisses Gesamtdruck zu statischem Druck erst bei $Ma > 0,5$ die Größe 1% übersteigen.

Ma	$\frac{Pges}{Pst}$ kompr.	$\frac{Pges}{Pst}$ inkomp.	Abweichg. %
0	1	1	0
0,1	1,00702	1,00700	0,002
0,2	1,02829	1,02800	0,03
0,3	1,06443	1,063	0,13
0,4	1,11655	1,112	0,41
0,5	1,18621	1,175	0,95
0,6	1,27551	1,252	1,88
0,7	1,38710	1,343	3,28
0,8	1,52436	1,448	5,27
0,9	1,69130	1,567	7,93
1,0	1,89293	1,700	11,35

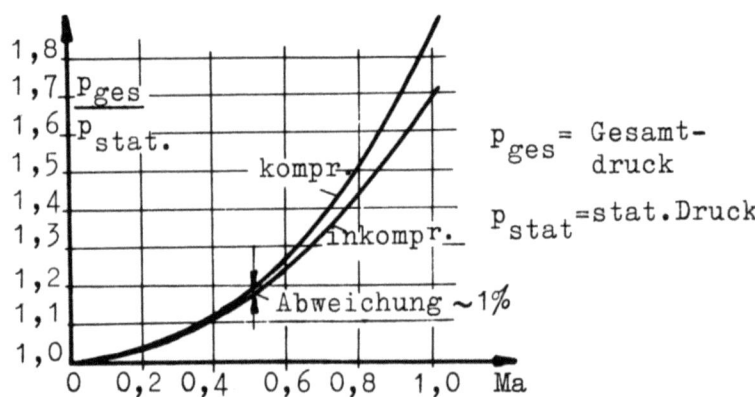

Vergleich der Drücke für kompressible und inkompressible Luftströmung ($\chi = 1,4$)

G. Zusammenstellung einiger ausgeführter Gitterversuchsstände

Um Erfahrungen, die an Kanalgitterprüfständen in anderen Forschungsinstituten gemacht worden sind, heranzuziehen, sollen im folgenden drei bemerkenswert erscheinende Gitterprüfstände beschrieben werden und zwar ein älterer Gitterprüfstand von CHRISTIANI, sowie zwei moderne amerikanische Gitterprüfstände.

Prüfstand von K. CHRISTIANI (1)
(Mitteilungen aus der Aerodynamischen Versuchsanstalt der Kaiser-Wilhelm-Gesellschaft zu Göttingen aus dem Jahre 1928).

Abbildung 22
Blick auf den Prüfstand von der Abströmseite aus

Messungen	Variable Meßgrößen
1. Druckverteilung um Profil	1. Anstellwinkel (damit Zuströmrichtung)
2. Nachlaufmessung	2. Zuströmgeschwindigkeit (5 bis 30 m/sec)
3. Kraftmessung mit Waagen	3. Gitterstaffelungswinkel
4. Messung des Druckverlustes im Gitter	4. Teilung

Gitterabmessungen

h/l = 3,05 t/l = 0,6 bis 1,0

l = 200 mm z = 5 (z = Schaufelzahl)

Forschungsberichte des Wirtschafts- und Verkehrsministeriums Nordrhein-Westfalen

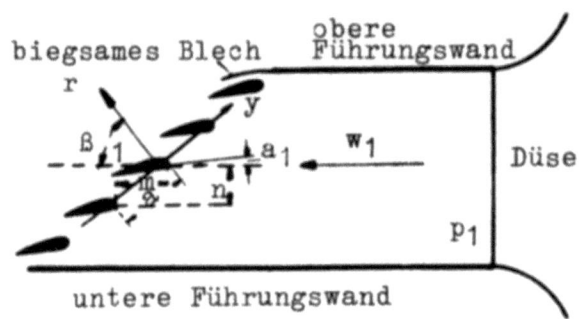

Abbildung 23

Prinzipskizze der Versuchsanordnung

Wichtige Daten:

$Re = 0{,}67 \cdot 10^5$ bis $4{,}0 \cdot 10^5$

Druckbetrieb
Keine Grenzschichtbeseitigung

Prüfstand des National Gas Turbine Establishment (N.G.T.E.) für niedrige Geschwindigkeiten (4)

(veröffentlicht in den Proceedings 1950, Bd. 163 der Institution of Mechanical Engineers).

Abbildung 24

Blick auf den Prüfstand von der Abströmseite aus mit der Vorrichtung für die Querabtastung

Messungen	Gitterabmessungen
1. Druckverteilung um Profil	$h/l = 4$ (Normalwert)
2. Nachlaufmessung	$l =$ variabel
3. Messung des Druckverlustes im Gitter	$t/l =$ variabel
	$z = 13$

Variable Meßgrößen

1. Zuströmrichtung (Auswechseln der Kanalenden)
2. Strömungsgeschwindigkeit (bis 60 m/sec)
3. Gitterteilung
4. Staffelungswinkel

   (3 und 4 nur durch Auswechseln des ganzen Gitters)

Wichtige Daten:

$Re \cdot 3,0 \cdot 10^5$ (hoher Mittelwert)

Druckbetrieb

Endschaufeln volles Profil

Grenzschichtabsaugung nach Bedarf bei kleinem h/l

Vollautomatische Querabtastung und Steuerung des Prüfstandes vom geräuschisolierten Fahrstand aus.

Prüfstand der N.G.T.E. für hohe Geschwindigkeiten

(veröffentlicht in den Proceedings 1950, Bd. 163 der Institution of Mechanical Engineers).

A b b i l d u n g 25

Blick auf den schwenkbaren Meßkopf
mit der Vorrichtung für die Querabtastung

zu Abbildung 25

Messungen:
1. Druckverteilung um Profil
2. Nachlaufmessung
3. Messung des Druckverlustes im Gitter

Variable Meßgrößen:
1. Zuströmrichtung
2. Strömungsgeschwindigkeit (bis M = 1,3)
3. Gitterteilung
4. Staffelungswinkel
   (3 und 4 nur durch Auswechseln des ganzen Gitters)

zu Abbildung 26

Gitterabmessungen:
h/l = 3   (Normalwert)
 l = 25 mm
t/l = variabel
 z = 11 (Normalwert)

zu Abbildung 27

Wichtige Daten:
Druckbetrieb
Endschaufeln volles Profil
Grenzschichtabsaugung
Halbautomatische Querabtastung
Geräuschisolierter Fahrstand
Anordnung des Prüfstandes in zwei Stockwerken

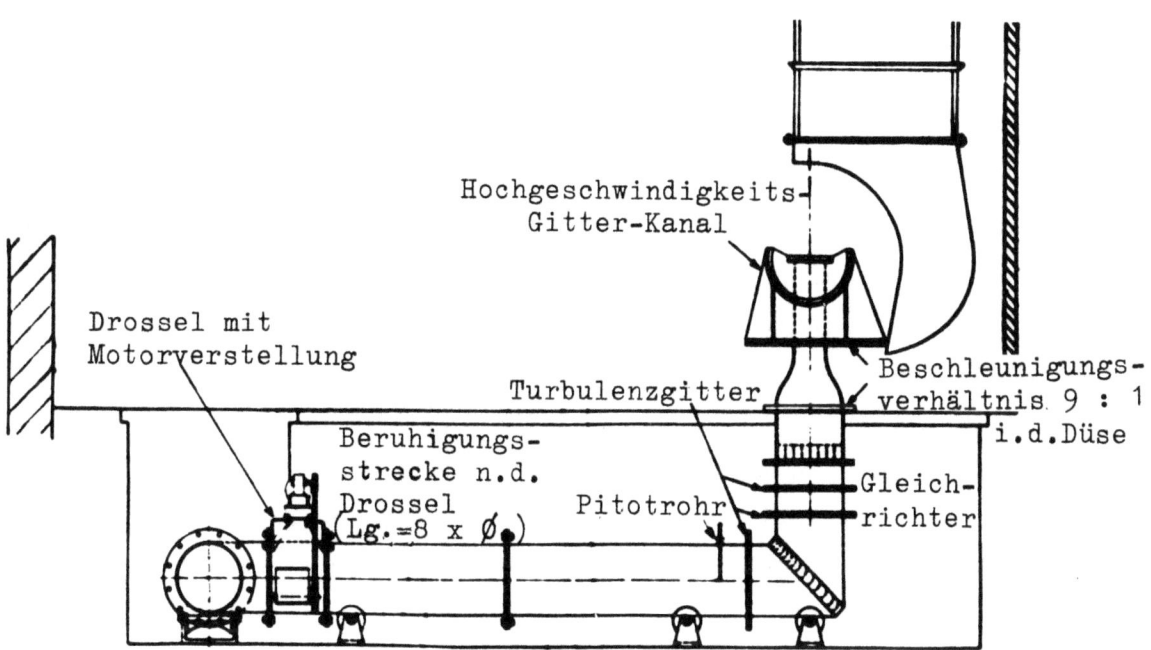

Abbildung 26
Schematische Versuchsanordnung

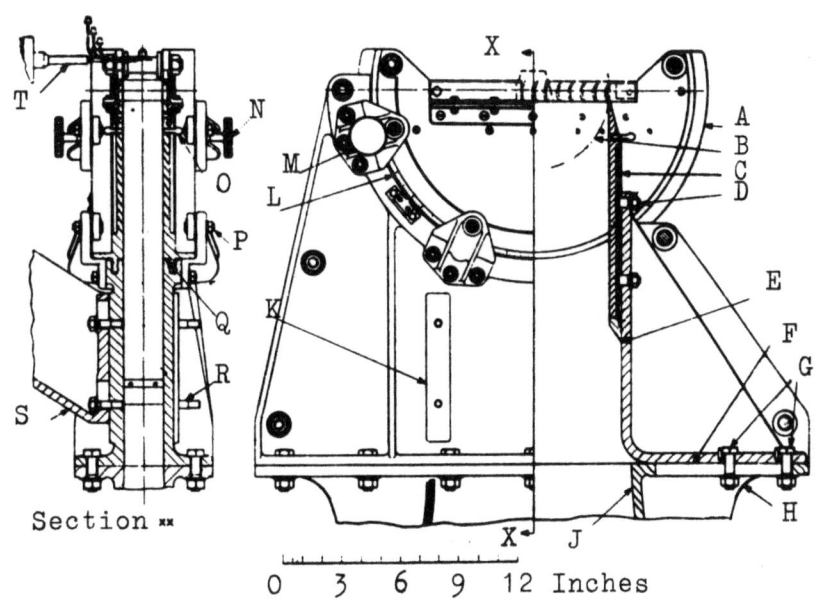

Abbildung 27
Schwenkbarer Meßkopf des Prüfstandes

Bei den modernen Prüfständen der N.G.T.E. (4) wird die Aufnahme von Drücken und Geschwindigkeiten hinter dem Gitter (parallel und senkrecht zur Gitterfront) mit elektrisch gesteuerten Verstelleinrichtungen durchgeführt. Die Einrichtungen hierzu sind in den Abbildungen 26 und 27 auf Seite 29 wiedergegeben.

Eine Meßsonde, die es gestattet, Geschwindigkeitsrichtungen, Gesamtdrücke und statische Drücke aufzunehmen, wird mittels einer Spindel auf einem Support in einer Ebene parallel zum Gitter in Längs- und Querrichtung bewegt. Die Sonde ist außerdem drehbar um ihre Längsachse im Support gelagert. Geeignete mechanische und elektrische Vorrichtungen erlauben es, die Meßwerte der Sonde in Abhängigkeit von ihrer Stellung zum Gitter auf eine Schreibtrommel zu übertragen. Zur Messung der Geschwindigkeitsrichtung ist ein besonderer Membrangeber verwendet worden. Ist die Symmetrieebene der Meßsonde nicht identisch mit der Strömungsrichtung, so werden die unterschiedlichen Drücke in den Bohrungen der Sonde auf die beiden Seiten einer sehr empfindlichen Membrane geleitet, sodaß sich diese nach der Seite des geringeren Druckes hin ausbiegt. Dabei werden elektrische Kontakte geschlossen, die über entsprechend gesteuerte Motoren die Sonde solange verdrehen, bis die Drücke auf beiden Seiten der Membrane gleich sind. Die Membrane ist dann nicht mehr ausgebogen, die Kontakte werden unterbrochen, die Symmetrieebene der Meßsonde liegt in Strömungsrichtung. Die gemessene Richtung wird auf der Schreibtrommel registriert.

Eine sehr komplizierte Vorrichtung, die es gestattet, hinter einem Gitterausschnitt das Strömungsfeld in sehr nahe beieinander liegenden Meßpunkten abzutasten und die weiterhin diese Meßwerte vollautomatisch in Bezug auf die Durchfluß- und Energiemengen integriert, ist in einem Bericht von H. KRAFT und T.M. BERRY (9) ausführlich beschrieben.

H. Beschreibung des ersten Gitterversuchsstandes des Institutes für Turbomaschinen

1. Zweck und Umfang der Untersuchungen

Der Gitterprüfstand soll im wesentlichen die Durchführung folgender Messungen gestatten:

a) Gleichzeitige Messung der statischen Druckverteilung an einer im Schaufelgitter angeordneten feststehenden Meßschaufel bei Variation der Strömungsgeschwindigkeit und des Anströmwinkels.

b) Messung des statischen Druckes vor und hinter dem Gitter.

c) Mengenmessung der durch das Gitter strömenden Luftmenge.

Da die Messungen mit an einer Versuchsturbine durchgeführten Druckverteilungsmessungen an einem rotierenden Schaufelprofil verglichen werden sollen, waren für den Prüfstand Schaufelprofil, Schaufelhöhe h, Teilung t, Schaufelwinkel β_s und in gewissen Grenzen auch die Geschwindigkeiten vorgegeben, um die Ergebnisse beider Prüfstände mit Nutzen vergleichen zu können. Von einer Variation des Schaufelwinkels β_s wurde aus konstruktiven Gründen zunächst abgesehen.

2. Entwurf und Beschreibung des Prüfstandes

Beim Entwurf der Anlage war zunächst zu entscheiden, ob man den Prüfstand im Saug- oder Druckbetrieb betreiben wollte. Für den Druckbetrieb sprach die Möglichkeit, das Gitter einfach vor einem Druckkanal zu verschwenken und damit eine definierte Anströmrichtung zu haben.

Beim Saugbetrieb dagegen kann das Gitter fest angeordnet werden und zwischen Gitter und Verdichter eine unverfälschte Mengenmessung in einem luftdichten Kanal vorgenommen werden. Auch ist der Leistungsbedarf bei gleichen Gitterabmessungen geringer. Allerdings muß nun der Einlaufkanal verschwenkt und abgedichtet werden.

Die Anlage wurde für Saugbetrieb entworfen und mit Luft als Arbeitsmedium betrieben.

3. Das Gitter

Zum Absaugen der Luft durch das Prüfgitter steht ein von einer Dampfturbine angetriebener Verdichter zur Verfügung, der bei einer Drehzahl $n = 5000\ \text{min}^{-1}$ eine Förderhöhe $H_{ad} = 1250$ mkg/kg hat, das ist ein Druckverhältnis $p/p = 1,15$. Dabei beträgt das Saugvolumen $Q = 0,7\ \text{m}^3/\text{sec}$.

In dem umlaufenden Vergleichsgitter (s.oben) treten Relativgeschwindigkeiten bis zu einer Größenordnung von 150 m/sec auf. Dadurch und durch die konstruktiven Abmessungen des Turbinenrades werden die Maße des Schaufelgitters wie folgt bestimmt:

Schaufelteilung $\quad t = 28$ mm

Schaufelhöhe $\quad h = 41,5$ mm

Schaufelsehne (Profiltiefe) $\quad l = 35,58$ mm

Zahl der Schaufelteilungen $\quad z = 12$ (11 freie Schaufeln)

Gitterlänge $\quad L = z \cdot t = 12 \cdot 28 = 336$ mm

Bei einem Schaufelwinkel $\beta_s = 48°$ ergibt sich eine axiale Breite des Gitters:

$$b = l \cdot \sin \beta_s = 35,58 \cdot 0,7431 = 26,44 \text{ mm}$$

Der geometrische Abströmwinkel $\beta'_2 = 22° 30'$ ergibt einen

$$\text{Verengungsfaktor } \xi = \frac{t - \sigma}{t} = \frac{28,0 - 2,61}{28,0} = 0,906$$

Schaufeldicke am Austritt $S = 1$ mm

Schrägabschnitt des Schaufelsteges
$$\sigma = \frac{s}{\sin \beta'_2} = \frac{1}{0,3827} = 2,61 \text{ mm}$$

Durch Zuschalten von Falschluft mit Hilfe eines Nebenluftschiebers vor dem Verdichter kann die durch das Gitter strömende Luftmenge bis auf $Q = 0,2$ m³/sec verringert werden.

Aus der Kontinuitätsbedingung folgen damit die nun erreichbaren Geschwindigkeiten:

$$w_2 = \frac{Q}{\xi \cdot L \cdot b \cdot \sin \beta'_2} = \frac{0,2 \div 0,7}{0,906 \cdot 0,336 \cdot 0,0415 \cdot 0,3827} = 41,4 \div 145 \left[\frac{m}{s}\right]$$

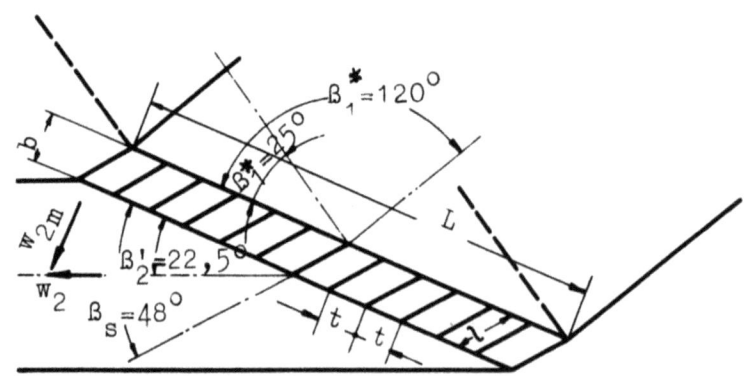

A b b i l d u n g 28

Abmessungen und Schwenkbereiche des Aachener Gitterprüfstandes

Im einzelnen ist der Aufbau des Gitterprüfstandes etwa folgender:

11 Messingschaufeln, die das gleiche Profil aufweisen wie diejenigen des zu vergleichenden umlaufenden Schaufelgitters, werden in eine Messinggrundleiste eingelötet und auf einer Holzplatte 760 x 1100 mm montiert. In der Mitte des Gitters ist eine Ausnehmung für die Druckmeßschaufel vorgesehen. Der Abströmkanal aus Hartholzbrettchen wird fest mit der Grundplatte verschraubt. Vor dem Gitter sind in Zapfen die beiden seitlichen Begrenzungswände des Einlaufkanals schwenkbar angeordnet, die sich in einem Bereich von $\beta_1^* = 25^\circ - 120^\circ$ verschwenken lassen. Eine Parallelführung mit gerundeter Einlaufkante wahrt den konstanten Abstand der Kanalwände bei verschiedenen Winkelstellungen β_1^* für die Zuströmung. Eine Abdichtung der Schwenkwände gegenüber der Grundplatte sowie gegenüber der Abdeckung wird durch aufgeklebte Filzstreifen erreicht. Die Abdeckung des Einlaufkanals erfolgt durch zwei Kunststoffplatten in Dreiecksform, die für jede mögliche Kanalstellung zusammen passen. Das Gitter selbst wird durch eine 15 mm dicke Plexiglasplatte nach oben abgeschlossen, welche Führungsleisten für die Meßsondenhalter trägt. Unmittelbar vor und hinter dem Gitter befinden sich Richtungssonden, die auf je einer Gradskala die tatsächlichen An- und Abströmwinkel β_1 und β_2 angeben. Beide Richtungssonden können über eine Breite von 3 1/2 Schaufelteilungen verfahren werden. Hinter dem Gitter ist ein Prandtl'sches Staurohr angeordnet (Bezeichnungen der Winkel siehe Seite 43).

Zur Durchführung von statischen Druckmessungen befinden sich Bohrungen von 1,5 mm ⌀ an den Einlaufkanalwänden, in einer Reihe vor und hinter dem Gitter parallel zu diesem, sowie im Ablaufkanal.

Die Druckmeßschaufel hat im Teilkreis 18 Bohrungen mit 0,4 mm ⌀, deren Kanten, entsprechend den Meßvorschriften, auf das sorgfältigste entgratet sind. Die Meßschaufel wird luftdicht in das Gitter eingebaut. Zur Überprüfung der Lage und der auf der Oberfläche senkrechten Richtung der Meßbohrungen wird die Meßschaufel vor dem Einbau mit Wasser abgedrückt und die austretenden Wasserstrahlen fotografiert (s.Abb.30).

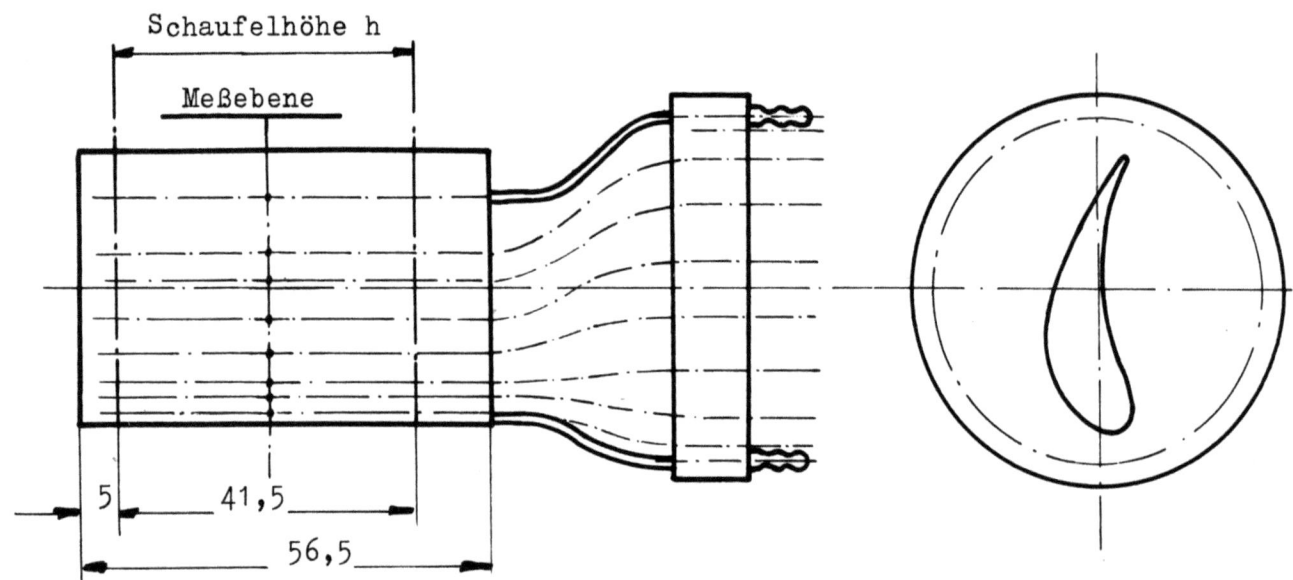

Abbildung 29
Skizze der Meßschaufel

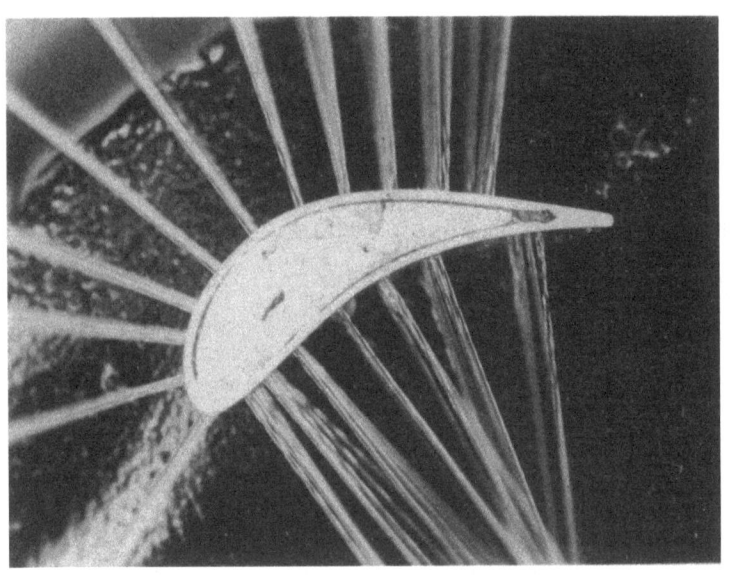

Abbildung 30
Meßschaufel

Auf Seite 35 und 36 sind Koordinaten für die Lage der Druckmeßstellen am Schaufelprofil angegeben.

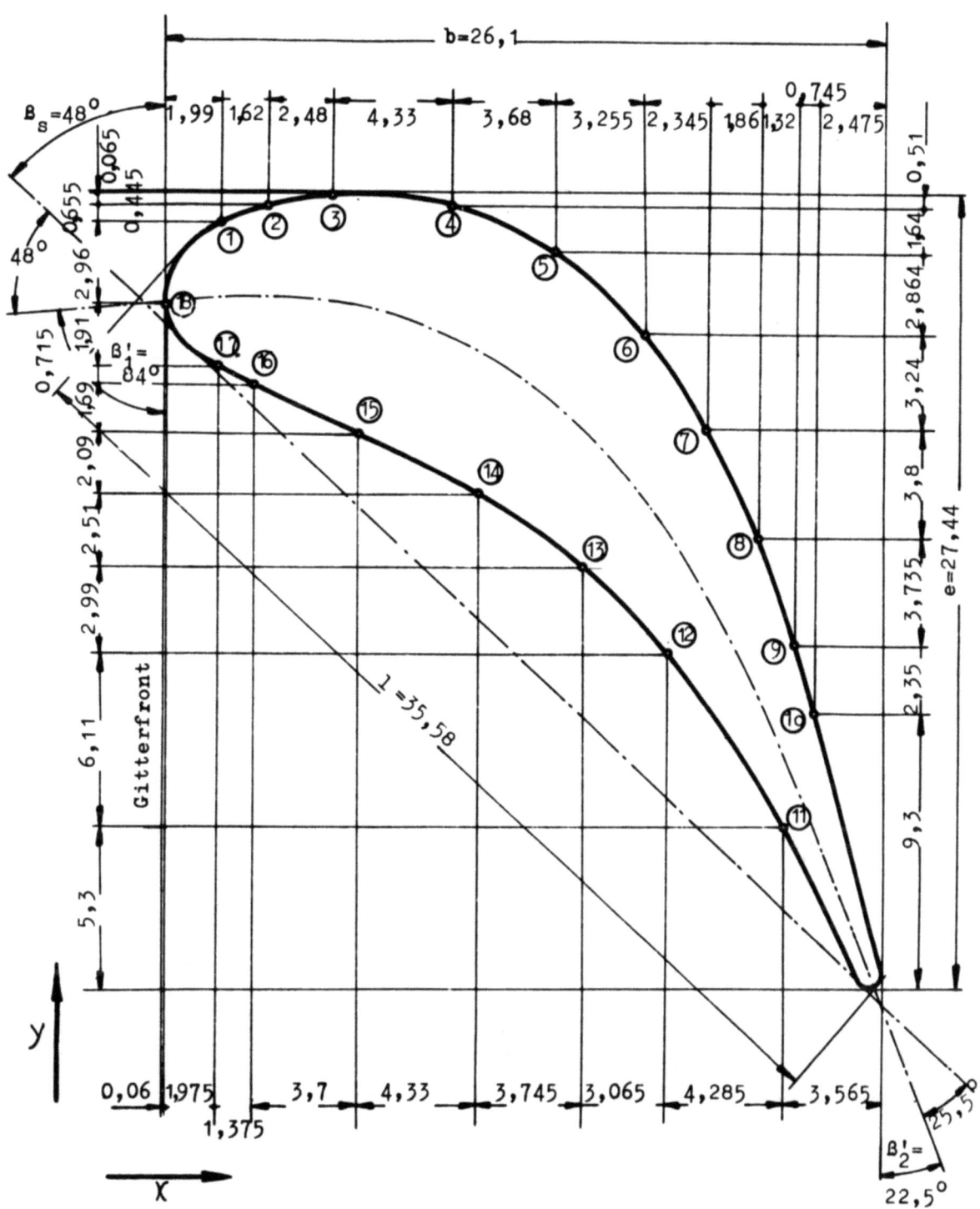

Lage der Druckmeßstellen am Schaufelprofil

t = Teilung = 0,028 m

l = Sehnenlänge = 0,03558 m

$\frac{t}{l}$ = 0,79

β_s = Schaufelwinkel = 48°

Dimensionslose Koordinaten der Druckmeßbohrungen der
Schaufel in x-Richtung; b = 26,1 mm

a) Schaufeloberseite

Meß-bohrung	1	2	3	4	5	6	7	8	9	10
x	1,99	3,61	6,09	10,42	14,1	17,36	19,7	21,56	22,88	23,63
x/b	0,0762	0,1383	0,2333	0,3992	0,5402	0,6649	0,7548	0,8261	0,8766	0,9052

b) Schaufelunterseite

Meß-bohrung	18	17	16	15	14	13	12	11
x	0,06	2,035	3,41	7,11	11,44	15,19	18,25	22,54
x/b	0,0023	0,078	0,1307	0,2724	0,4383	0,5818	0,6992	0,8634

Dimensionslose Koordinaten der Druckmeßbohrungen der
Schaufel in y-Richtung; e = 27,44 mm

a) Schaufeloberseite

Meß-bohrung	4	5	6	7	8	9	10
y	0,51	2,15	5,015	8,255	12,06	15,79	18,14
y/e	0,0186	0,0784	0,1828	0,3008	0,4393	0,5754	0,6611

b) Schaufelunterseite

Meß-bohrg.	3	2	1	18	17	16	15	14	13	12	11
y	0,065	0,51	1,165	4,125	6,035	6,75	8,44	10,53	13,04	16,03	22,14
y/e	0,0024	0,0186	0,0425	0,1503	0,2199	0,246	0,3076	0,3837	0,4752	0,5842	0,8069

Abbildung 31
Gitterprüfstand mit Abdeckung des Einlaufkanals

Abbildung 32
Gitterprüfstand ohne Abdeckung des Einlaufkanals

4. Das Vielfachmanometer

Das Vielfachmanometer arbeitet nach dem Gesetz der kommunizierenden Rohre, 26 Glasrohre von 3,8/6,5 mm ⌀ und einer Länge von 2100 mm sind auf eine mit Millimeterpapier beklebte Platte montiert. Zwischen den Glasrohren ist die Anordnung von 25 2 m - Maßstäben mit Millimeterteilung vorgesehen. Sämtliche Glasrohre sind über Schlauchstücke mit einer gläsernen Sammelleitung verbunden, die ihrerseits über einen Schlauch an ein Niveaugefäß angeschlossen ist. Das Niveaugefäß kann senkrecht grob und (durch ein Verstellgewinde) fein verstellt werden. Die Einstellung auf eine Nullmarke, (0 für reine Unterdruckmessung bis zu 2000 mm WS; 1000 für gleichzeitige Über- und Unterdruckmessungen bis zu $\pm$ 1000 mm WS), erfolgt mit dem ersten freien Glasrohr, welches Verbindung mit der Atmosphäre hat.

Die kapillare Steighöhe braucht, da sie auch im Nullmarkenrohr vorhanden ist, nicht berücksichtigt zu werden.

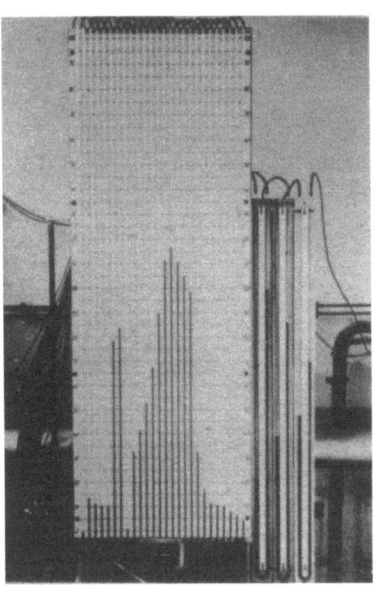

A b b i l d u n g 33
Ansicht des Vielfachmanometers

Für die Füllung des Vielfachmanometers wird mit Methylenblau gefärbtes destilliertes Wasser verwendet. Es empfiehlt sich, zur Verringerung der Oberflächenspannung des Wassers und damit zur Erzeugung eines kleinen Meniskus ein Zusatz von Pril und alkalischen Substanzen.

Die 18 Bohrungen der Druckmeßschaufel sind über Schlauchleitungen mit je einem Glasrohr des Vielfachmanometers verbunden. Die 7 noch freien Rohre dienen wahlweise zur Messung von statischen Drücken an verschiedenen Stellen des Gitters.

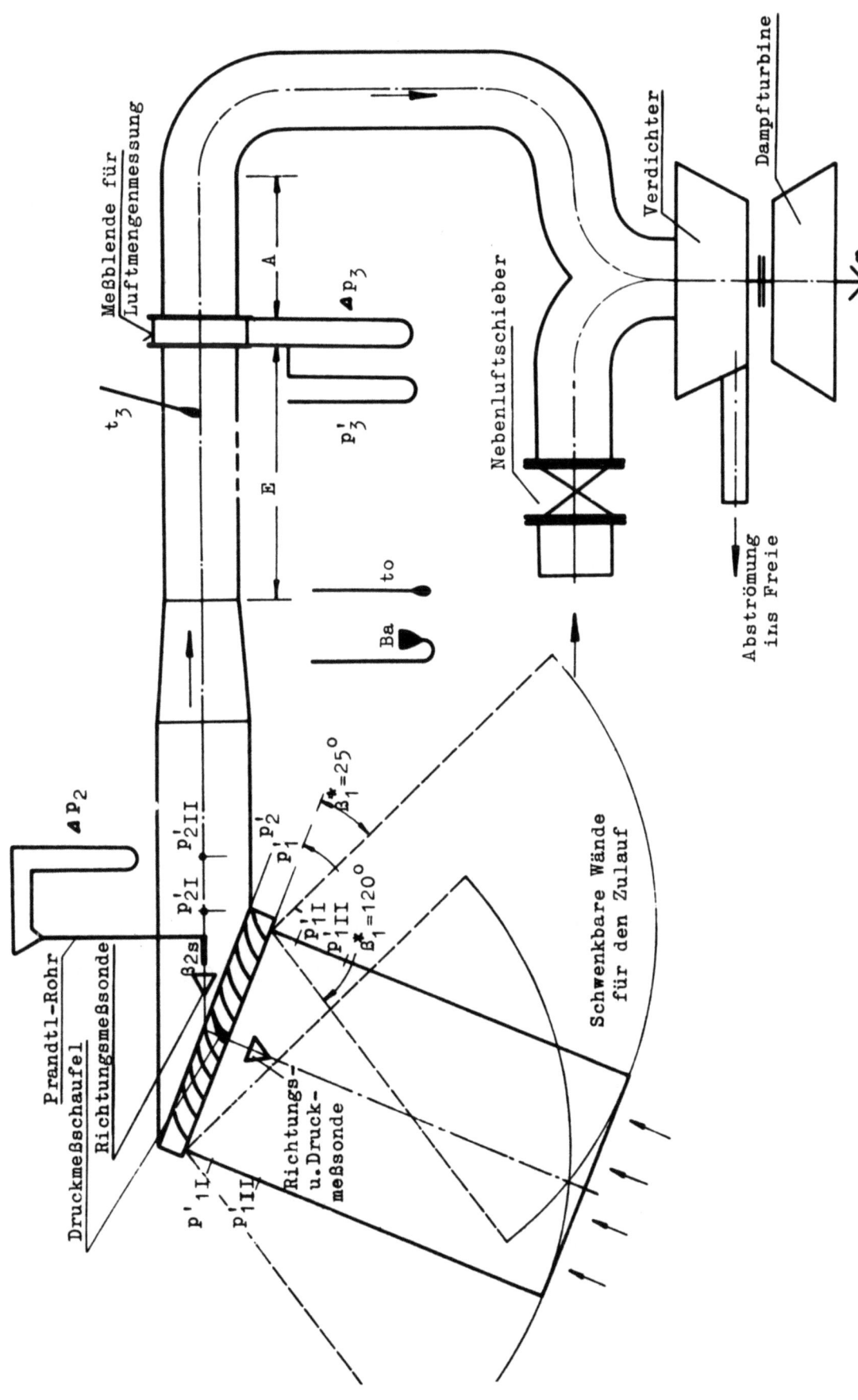

Abbildung 34
Gitterprüfstand. Versuchsanordnung für Absaugbetrieb

5. Mengenmessung und Gesamtanordnung

Um die durch das Gitter hindurchströmende Menge genau bestimmen zu können, wird eine Meßblende in die Rohrleitung zwischen Gitter und Verdichter eingebaut.

Da die Saugleitung einen lichten Durchmesser von 180 mm hat, ergibt sich für die Auslaufstrecke hinter der Blende folgende Länge:

$$A = 5 \cdot D = 5 \cdot 180 = 900 \text{ mm}$$

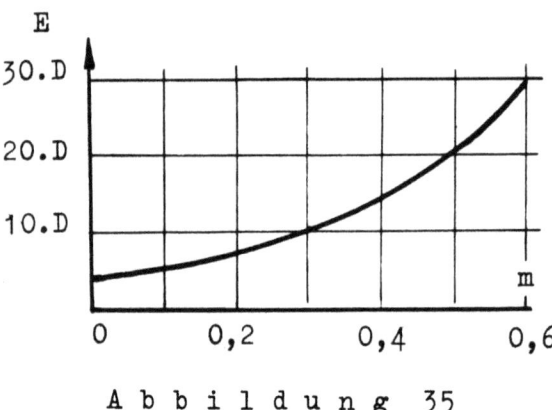

Abbildung 35

Die Einlaufstrecke E vor der Blende ist eine Funktion des Öffnungsverhältnisses $m = (d/D)^2$; dieses ist wegen des Druckverlustes möglichst groß zu wählen.

Den räumlichen Verhältnissen entsprechend wird $m = 0,5$ gewählt, damit wird die Länge der Einlaufstrecke (s.Abb.35):

$$E = 20 \cdot D = 20 \cdot 180 = 3600 \text{ mm.}$$

Die Meßblende entspricht in ihrer Form den VDI-Durchflußregeln, ihr Durchmesser wird

$$d = \sqrt{m} \cdot D = \sqrt{0,5} \cdot 180 = 127 \text{ mm } \emptyset$$

der Blendenquerschnitt wird $F_3 = 0,012668 \text{ m}^2$.

Zur Bestimmung des spezifischen Gewichtes der Luft wird ferner eine Temperaturmeßstelle normgerecht vor der Blende eingebaut. Mit einem konischen Übergangsstück schließt die Saugleitung am Gitterkanal an. Die Gesamtanordnung für den Gitterprüfstand ist in Abbildung 34 dargestellt.

Forschungsberichte des Wirtschafts- und Verkehrsministeriums Nordrhein Westfalen

J. Die Zuströmung

Die bei den durchgeführten Messungen besonders kennzeichnende Richtung der Zuströmung wurde einer besonderen Untersuchung unterworfen. Um unkontrollierbare Abweichungen der Strömungsrichtung im Zulaufkanal von dessen Wandrichtung auszuschalten, wurde als Zuströmrichtung grundsätzlich der Winkel β_1 angegeben, der mit einer Richtungssonde ermittelt wurde. Dabei wurde die Meßsonde 50 mm vor der Gitterfront angeordnet, um die Richtung der vom Profil unbeeinflußten Strömung zu messen. Die Meßsonde wurde seitlich parallel zur Gitterfront soweit verfahren, daß die Messung in der Verzweigungsstromlinie durchgeführt wurde.

Da die Veränderlichkeit der Anströmrichtung über der Teilung des Gitters von Interesse ist, wurde unter Konstanthaltung des in größerer Entfernung von der Gitterfront gemessenen Zuströmwinkels β_1^* der Luft der Strömungswinkel β_{1s} längs zweier Teilungen nachgeprüft. Diese Messung wurde mit einer dichter an der Gitterfront angeordneten Richtungssonde durchgeführt. Um Einflüsse des Profils auf die Zuströmrichtung möglichst weitgehend zu erfassen, wurde die Sonde 12 mm vor der Gitterfront parallel zu ihr verschoben. Das Ergebnis ist in Abbildung 36 für zwei Anströmrichtungen dargestellt. Es zeigt sich, daß bei einem kleinen β_1^* von 40° Richtungsschwankungen von ca. 10° festgestellt werden konnten, während bei $\beta_1^* = 90°$ die Schwankungen auf ca. 5° zurückgehen. Der durch diese Sondenmessung verfolgte Einfluß wurde für die im folgenden geschilderten Druckverteilungsmessungen dadurch ausgeschaltet, daß die Zuströmrichtung β_1 hierfür in größerer Entfernung (50 mm) und in der Verzweigungsstromlinie gemessen wurde.

Die aufgenommenen Druckverteilungsdiagramme wurden zunächst in üblicher Weise durch Beziehung auf den statischen Drucksprung zwischen dem Zustand vor und hinter dem Gitter dimensionslos gemacht. Aufgrund der hierbei auftretenden starken Vergrößerung der Ordinaten bei den Strömungswinkeln, die einer Gleichdruckwirkung nahekommen, wird auf Seite 135 dieses Berichtes in Abbildung 108 eine andere Bezugsgröße hiermit verglichen. Für die Druckmessung vor und hinter dem Gitter wurden Mittelwerte aus statischen Druckmessungen an jeweils mehreren Anbohrungen der Zu- und Abströmkanalwand benutzt. Eine gewisse Schwierigkeit, die durch die Benutzung eines geschlossenen Zulaufkanals bedingt ist, ergab sich bei kleinen Anströmwinkeln dadurch, daß der Druck längs der Gitterfront auf der Zuströmseite nicht ganz gleichmäßig war. Soweit die Mittelwertbildung diesen Einfluß nicht ausglich, würde hierdurch der Ordinatenmaßstab der Diagramme beeinflußt werden können, nicht jedoch die Form der Druckverteilungskurven sowie die Abhängigkeit von der Reynoldszahl, zumal die letztere vermittels der aus der Kontinuität gerechneten Zulaufgeschwindigkeit bestimmt wurde.

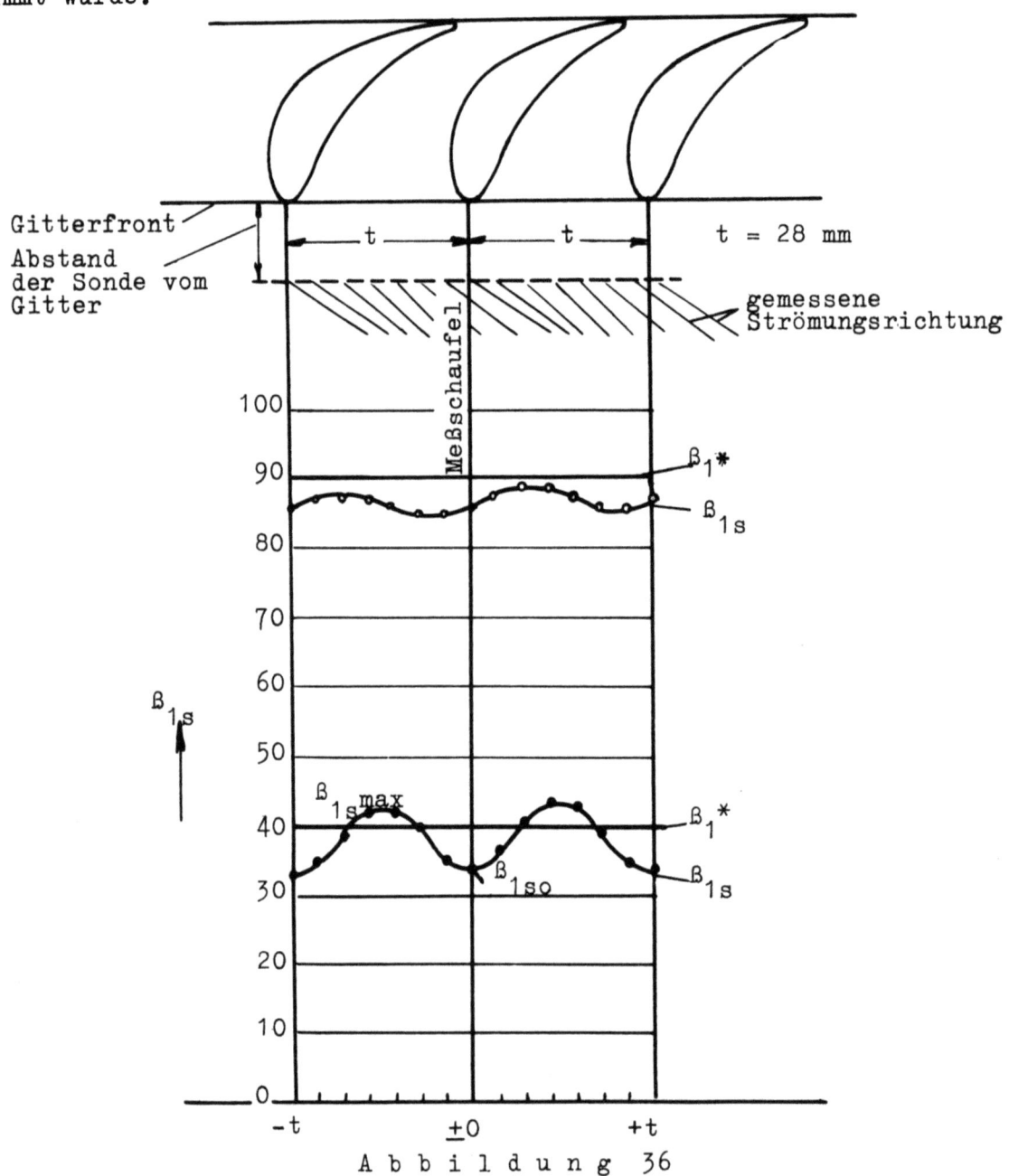

Abbildung 36
Messung der Zuströmwinkel längs der Schaufelteilung

Bezeichnung der Winkel

β_s = Schaufelwinkel zwischen Profiltangente und Gitterfront

β_1 = veränderlicher Anströmwinkel, gemessen mit Richtungssonde 50 mm vor Gitterfront

β_2 = Austrittswinkel der Strömung

$\beta_{1s(o;\,max)}$ = Strömungswinkel 12 mm vor Gitterfront, gemessen über eine Teilung

(Fußzeichen O = axial vor der Schaufelnase)

β_{2s} = Abströmwinkel, mit Richtungssonde hinter der Austrittskante gemessen

β_1^* = Zuströmrichtung in großer Entfernung vor dem Gitter

β_2^* = Abströmrichtung in großer Entfernung hinter dem Gitter

β'_1 = Winkel zwischen der Eintrittstangente an die Skelettlinie und Gitterfront

β'_2 = Winkel zwischen Austrittstangente an die Skelettlinie und Gitterfront

Forschungsberichte des Wirtschafts- und Verkehrsministeriums Nordrhein Westfalen

K. Durchführung der Messungen und Ergebnisse

Zur Durchführung der Versuche werden für verschiedene Richtungen des schwenkbaren Einlaufkanals durch Schließen des Nebenluftschiebers jeweils 5 - 6 Geschwindigkeiten erzeugt. Der Verdichter wird dabei mit einer Drehzahl von n = 4500 bis 5000 min^{-1} betrieben. Um zeitlich zusammengehörige Meßwerte zu erlangen, werden das Vielfachmanometer und je ein U- Rohr für das Prandtl'sche Staurohr, für den Druck vor der Blende und für den Wirkdruck an der Meßblende gemeinsam fotografiert. Die Aufnahmen werden mit einer Leica bei folgenden Einstellungen gemacht:

Entfernung: 4 m
Blende: 5,6
Belichtungszeit: 1/5 sec.

Es wird ein Kleinbildfilm $\frac{14}{10}$ DIN verwendet. Zur indirekten Beleuchtung dienen 2 Nitraphot - Lampen zu je 500 Watt.

Die Wassersäule im Null-Rohr des Vielfachmanometers wird bei jedem Versuch mit der Feinstellvorrichtung wieder auf Null eingestellt. Der aufgenommene Film wird auf Diapositivfilm kopiert und dann werden die einzelnen numerierten Aufnahmen tabellarisch aufgenommen. Das Vielfachmanometer ist bei den ausgewerteten Messungen mit einem Nullpunktmeßrohr, den Drücken vor und hinter dem Gitter und den Profilmeßstellen p_1 bis p_{10} (Schaufeloberseite) ; p_{11} bis p_{18} (Schaufelunterseite) belegt.

Die Ergebnisse der Druckverteilungsmessungen am Schaufelprofil sind für alle Meßreihen in den Tabellen Seite 45 bis 54 mitgeteilt. Dabei ist die Anordnung in den Tabellen so getroffen worden, daß beim Aufzeichnen der Drücke (siehe Diagramme Seite 63 - 130, Abbildung 39 - 106) die zusammengehörigen Werte leicht gefunden werden können.

In allen Druckverteilungskurven sind die Meßwerte für die Oberseite des Schaufelprofils durch offene Kreise und für die Unterseite durch schwarz ausgefüllte Kreise gekennzeichnet.

Forschungsberichte des Wirtschafts- und Verkehrsministeriums Nordrhein-Westfalen

Nr.	1	2	3	4	5	6	7	8	9	10	11	12	13	14	15	16	17	18	19	20	21
β_1 / Vs.Nr.	p_o kg/m²	p'_1 mmWS	p_1 kg/m²	γ_1 kg/m³	p'_2 mmWS	p_2 kg/m²	γ_2 kg/m³	p'_3 mmWS	p_3 kg/m²	γ_3 kg/m³	p_1/p_2	Δp_2 mmWS	Δp_3 mmWS	F_1 m²	F_2 m²	F_3 m²	ϵ	Q m³/s	G kg/s	w_1 m/s	w_2 m/s
18° / 15	10227	157	10070	1,180	229	9998	1,171	182	10045	1,177	1,0072	170	28	0,00582	0,005312	0,01267	0,999	0,190	0,224	32,58	35,95
16		339	9885	1,158	499	9728	1,140	405	9822	1,151	1,0164	386	62	"	→	→	0,997	0,285	0,328	48,70	54,24
17		509	9718	1,139	760	9467	1,109	602	9625	1,128	1,0265	593	96	"			0,995	0,358	0,404	60,93	68,53
18		662	9565	1,121	991	9236	1,082	780	9447	1,107	1,0356	782	126	"			0,993	0,413	0,458	70,13	79,57
19		659	9568	1,121	984	9243	1,083	778	9449	1,107	1,0352	778	122	"			0,993	0,424	0,469	71,97	81,59
20		787	9440	1,106	1185	9042	1,059	934	9293	1,089	1,0440	951	155	"			0,991	0,461	0,502	77,99	89,20
21		898	9329	1,093	1366	8861	1,038	1065	9162	1,074	1,0528	1085	173	"			0,990	0,490	0,526	82,73	95,43
22° / 22		105	10122	1,186	178	10049	1,177	133	10094	1,183	1,0073	135	30	0,00689			0,998	0,196	0,232	28,37	37,06
23		305	9922	1,163	534	9693	1,136	401	9826	1,151	1,0236	409	185	"			0,990	0,490	0,564	70,38	93,44
24		436	9791	1,147	765	9462	1,109	569	9658	1,132	1,0348	599	124	"			0,993	0,406	0,460	58,05	77,93
25		582	9645	1,130	1023	9204	1,078	761	9466	1,109	1,0479	806	163	"			0,991	0,468	0,520	66,71	90,69
26		717	9510	1,114	1276	8951	1,049	942	9285	1,088	1,0625	1018	202	"			0,988	0,525	0,571	74,43	102,51
27		781	9446	1,107	1405	8822	1,034	1015	9212	1,079	1,0707	1097	220	"			0,987	0,550	0,593	77,81	108,06
31,5° / 28		111	10116	1,185	253	9974	1,169	170	10057	1,178	1,0142	185	55	0,00886			0,997	0,266	0,313	29,81	50,42
29		233	9994	1,171	547	9680	1,134	366	9861	1,155	1,0324	406	115	"			0,994	0,387	0,447	43,08	74,18
30		347	9880	1,158	809	9418	1,104	539	9688	1,135	1,0491	606	170	"			0,990	0,473	0,536	52,30	91,51
31		459	9768	1,145	1084	9143	1,071	726	9501	1,113	1,0684	810	220	"			0,987	0,544	0,605	59,67	106,32
32		556	9671	1,133	1340	8887	1,041	899	9328	1,093	1,0882	1002	278	"			0,984	0,612	0,669	66,64	120,96
33		664	9563	1,120	1634	8593	1,007	1075	9152	1,072	1,1129	1210	332	"			0,980	0,673	0,721	72,66	134,87
41,5° / 34		106	10121	1,186	322	9905	1,161	204	10023	1,174	1,0218	207	78	0,01056			0,996	0,317	0,372	29,69	60,31
35		210	10017	1,174	667	9560	1,120	415	9812	1,149	1,0478	428	162	"			0,991	0,459	0,527	42,56	88,64
36		296	9931	1,164	941	9286	1,088	590	9637	1,129	1,0695	607	228	"			0,987	0,547	0,618	50,26	106,86
37		381	9846	1,154	1240	8987	1,053	779	9448	1,107	1,0956	814	300	"			0,983	0,631	0,699	57,34	124,88
38		398	9829	1,152	1295	8932	1,047	805	9422	1,104	1,1004	840	307	"			0,982	0,639	0,705	57,99	126,86
52° / 39		38	10189	1,194	149	10078	1,181	90	10137	1,188	1,0110	117	38	0,01193			0,998	0,220	0,261	18,35	41,67
40		55	10172	1,192	222	10005	1,172	135	10092	1,182	1,0167	180	56	"			0,997	0,268	0,316	22,25	50,81
41		113	10114	1,185	462	9765	1,144	270	9957	1,167	1,0357	410	122	"			0,993	0,396	0,462	32,69	76,05
42		153	10074	1,180	644	9583	1,123	382	9845	1,154	1,0512	590	166	"			0,991	0,464	0,535	37,99	89,70
43		207	10020	1,174	875	9352	1,096	525	9702	1,137	1,0714	802	222	"			0,988	0,539	0,612	43,72	105,20
44		237	9990	1,171	1030	9197	1,078	618	9609	1,126	1,0862	973	271	"			0,985	0,596	0,671	48,07	117,26
45		285	9942	1,165	1264	8963	1,050	760	9467	1,109	1,1092	1183	321	"			0,982	0,651	0,723	51,99	129,52
46		317	9910	1,161	1414	8813	1,033	850	9377	1,098	1,1245	1352	359	"			0,979	0,690	0,758	54,75	138,26

Nr.		1	2	3	4	5	6	7	8	9	10	11	12	13	14	15	16	17	18	19	20	21
	Vs. Nr.	P_o	p'_1	P_1	γ_1	p'_2	P_2	γ_2	p'_3	P_3	γ_3	P_1/P_2	ΔP_2	ΔP_3	F_1	F_2	F_3	ε	Q	G	w_1	w_2
B_1		kg/m²	mmWS	kg/m²	kg/m³	mmWS	kg/m²	kg/m³	mmWS	kg/m²	kg/m³		mmWS	mmWS	m²	m²	m²		m³/s	kg/s	m/s	m/s
63°	47	10227	49	10178	1,193	243	9984	1,169	140	10087	1,182		196	65	0,01295	0,005312	0,01267	0,997	0,288	0,341	22,07	54,84
	48		87	10140	1,188	442	9785	1,147	254	9973	1,169	1,0194	390	118	"			0,994	0,389	0,455	29,56	74,74
	49		125	10102	1,184	662	9565	1,121	388	9839	1,153	1,0363	616	175	"			0,990	0,476	0,548	35,78	92,12
	50		158	10069	1,179	860	9367	1,097	508	9719	1,139	1,0561	814	228	"			0,987	0,545	0,620	40,60	106,38
	51		189	10038	1,176	1050	9177	1,075	623	9604	1,125	1,0749	1012	280	"			0,984	0,605	0,681	44,71	119,23
	52		216	10011	1,173	1255	8972	1,051	744	9483	1,111	1,0938	1213	332	"			0,981	0,662	0,735	48,39	131,63
	53		245	9982	1,169	1426	8801	1,031	845	9382	1,099	1,1158	1370	370	"			0,978	0,699	0,769	50,80	140,44
74°	54		37	10190	1,194	211	10016	1,174	117	10110	1,185	1,1342	180	57	0,01357			0,997	0,269	0,319	19,72	51,25
	55		72	10155	1,190	435	9792	1,147	242	9985	1,169	1,0174	402	116	"			0,994	0,386	0,452	27,97	74,10
	56		100	10127	1,187	630	9597	1,124	359	9868	1,156	1,0371	601	171	"			0,991	0,470	0,543	33,75	90,98
	57		129	10098	1,183	829	9398	1,101	224	10003	1,172	1,0552	802	224	"			0,988	0,533	0,625	38,90	106,79
	58		148	10079	1,181	993	9234	1,082	581	9646	1,130	1,0745	973	269	"			0,985	0,593	0,670	41,80	116,57
	59		182	10045	1,177	1240	8987	1,053	731	9496	1,113	1,0915	1213	333	"			0,981	0,662	0,736	46,11	131,65
	60		201	10026	1,175	1404	8823	1,034	820	9407	1,102	1,1177	1370	370	"			0,977	0,698	0,769	48,26	140,10
86°	61		30	10197	1,195	218	10009	1,173	120	10107	1,184	1,1363	190	60	0,01378			0,997	0,277	0,328	19,91	52,62
	62		61	10166	1,191	427	9800	1,148	245	9982	1,169	1,0188	405	115	"			0,993	0,384	0,449	27,36	73,63
	63		87	10140	1,188	630	9595	1,124	365	9862	1,156	1,0373	605	170	"			0,991	0,469	0,542	33,09	90,69
	64		111	10116	1,185	813	9414	1,103	470	9757	1,143	1,0566	780	220	"			0,988	0,534	0,611	37,41	104,27
	65		144	10083	1,181	1033	9194	1,077	600	9627	1,128	1,0746	990	275	"			0,984	0,599	0,676	41,53	118,16
	66		166	10061	1,179	1245	8982	1,052	725	9502	1,113	1,0967	1200	330	"			0,981	0,659	0,733	45,15	131,19
	67		181	10045	1,177	1387	8840	1,036	804	9423	1,104	1,1201	1340	366	"			0,979	0,695	0,768	47,33	139,52
98°	68		37	10190	1,194	226	10001	1,172	135	10092	1,182	1,1364	205	64	0,01357			0,997	0,286	0,338	20,88	54,35
	69		65	10162	1,191	432	9795	1,148	242	9985	1,170	1,0189	405	120	"			0,993	0,392	0,459	28,48	75,28
	70		93	10134	1,187	626	9601	1,125	362	9865	1,156	1,0375	600	168	"			0,991	0,466	0,539	33,43	90,15
	71		127	10100	1,183	839	9388	1,099	468	9759	1,143	1,0555	805	224	"			0,987	0,539	0,616	38,37	105,47
	72		147	10080	1,181	1010	9217	1,079	582	9645	1,130	1,0758	960	272	"			0,985	0,596	0,673	42,01	117,37
	73		177	10050	1,177	1244	8983	1,053	692	9535	1,117	1,0938	1194	330	"			0,981	0,658	0,735	45,99	131,43
	74		195	10032	1,175	1378	8849	1,037	800	9427	1,105	1,1188	1230	362	"			0,979	0,691	0,763	47,86	138,59
												1,1337										

Forschungsberichte des Wirtschafts- und Verkehrsministeriums Nordrhein-Westfalen

	Nr.	1	2	3	4	5	6	7	8	9	10	11	12	13	14	15	16	17	18	19	20	21
	Vs. Nr.	p_0	p'_1	p_1	γ_1	p'_2	p_2	γ_2	p'_3	p_3	γ_3	p_1/p_2	Δp_2	Δp_3	F_1	F_2	F_3	ϵ	Q	G	w_1	w_2
		kg/m²	mmWS	kg/m²	kg/m³	mmWS	kg/m²	kg/m³	mmWS	kg/m²	kg/m³		mmWS	mmWS	m²	m²	m²		m³/s	kg/s	m/s	m/s
α_1 110°	75	10227	45	10182	1,193	228	9999	1,172	133	10094	1,183	1,0183	212	65	0,01295	0,005312	0,01267	0,997	0,291	0,344	22,27	55,28
	76		79	10148	1,189	412	9815	1,150	245	9982	1,170	1,0339	397	112	"	→	→	0,994	0,379	0,444	28,81	72,63
	77		115	10112	1,185	618	9609	1,126	363	9864	1,156	1,0523	598	164	"			0,991	0,460	0,532	34,67	88,96
	78		157	10070	1,180	849	9378	1,099	469	9758	1,143	1,0738	817	225	"			0,987	0,540	0,618	40,52	105,79
	79		183	10044	1,177	1016	9211	1,079	591	9636	1,129	1,0904	987	262	"			0,985	0,585	0,661	43,35	115,23
	80		211	10016	1,174	1195	9032	1,058	704	9523	1,116	1,1089	1176	316	"			0,982	0,645	0,719	47,33	127,95
	81		238	9989	1,170	1367	8860	1,038	813	9414	1,103	1,1274	1353	357	"			0,979	0,687	0,758	49,99	137,40
123°	82		51	10176	1,192	210,5	10016	1,174	130	10097	1,183	1,0160	200	56	0,01193			0,997	0,268	0,317	22,91	50,77
	83		104	10123	1,186	417	9810	1,149	242	9985	1,169	1,0319	392	112	"			0,994	0,379	0,444	31,36	72,07
	84		164	10063	1,179	638	9589	1,124	382	9845	1,154	1,0494	607	166	"			0,991	0,464	0,535	38,04	89,64
	85		212	10015	1,173	849	9378	1,099	496	9731	1,140	1,0679	786	221	"			0,988	0,536	0,612	43,68	104,77
	86		263	9964	1,167	1044	9183	1,076	603	9624	1,128	1,0850	971	272	"			0,985	0,597	0,673	48,30	117,70
	87		312	9915	1,162	1251	8976	1,052	754	9473	1,110	1,1046	1179	323	"			0,981	0,653	0,724	52,27	129,67
	88		344	9883	1,158	1368	8859	1,038	832	9395	1,101	1,1156	1287	352	"			0,980	0,683	0,752	54,46	136,44

$B_a = 752$ [mm Hg]

$t_0 = 20$ [°C]

Forschungsberichte des Wirtschafts- und Verkehrsministeriums Nordrhein-Westfalen

Hilfsblatt zur Bestimmung der Beiwerte $c_{uörtl.}$ und $c_{sörtl.}$

Winkel $β_1$	Vers. Nr.	Druck p'_1 = vor, p'_2 = nach Gitter			Unterseite f. $c_{sörtl.}$	Schaufeloberseite für $c_{uörtl.}$									Schaufelunterseite für $c_{uörtl.}$ Schaufelunterseite für $c_{sörtl.}$							
		1	2	3	4	5	6	7	8	9	10	11	12	13	14	15	16	17	18	19	20	21
		p'_1	p'_2	$p'_1-p'_2$	p_1	p_2	p_3	p_4	p_5	p_6	p_7	p_8	p_9	p_{10}	p_{11}	p_{12}	p_{13}	p_{14}	p_{15}	p_{16}	p_{17}	p_{18}
		mmWS	mmWS	mmWS	mmWS	mmWS	mmWS	mmWS	mmWS	mmWS	mmWS	mmWS	mmWS	mmWS	mmWS	mmWS	mmWS	mmWS	mmWS	mmWS	mmWS	mmWS
18°								$p_1,2...$														
	15	158	229	-71	323	321	350	347	227	195	258	281	274	267	197	159	100	66	19	3	25	320
					165	163	192	189	69	37	100	123	116	109	39	1	-58	-92	-139	-155	-133	162
					-2,324	-2,296	-2,704	-2,662	-0,972	-0,521	-1,732	-1,634	-1,408	-1,535	-0,549	-0,014	0,817	1,296	1,958	2,183	1,873	-2,282
	16	339	499	-160	700	692	762	744	480	426	568	620	600	584	417	340	218	140	34	2	50	688
					361	353	423	405	141	87	227	281	261	245	78	1	-121	-199	-305	-337	-289	349
					-2,256	-2,206	-2,644	-2,531	-0,881	-0,544	-1,431	-1,756	-1,631	-1,531	-0,488	-0,006	0,756	1,244	1,906	2,106	1,806	-2,181
	17	509	760	-251	1046	1034	1136	1116	762	636	857	938	908	884	616	512	326	214	53	3	70	1031
					537	525	627	607	253	127	348	429	399	375	107	3	-183	-295	-456	-506	-439	522
					-2,139	-2,092	-2,498	-2,418	-1,008	-0,506	-1,386	-1,709	-1,59	-1,494	-0,426	-0,012	0,729	1,175	1,817	2,016	1,749	-2,08
	18	662	991	-329	1346	1330	1460	1438	918	824	1118	1226	1184	1154	790	664	424	280	75	5	85	1325
					684	668	798	776	256	162	456	564	522	492	128	2	-238	-382	-587	-657	-577	663
					-2,079	-2,030	-2,425	-2,358	-0,778	-0,492	-1,386	-1,714	-1,586	-1,495	-0,389	-0,006	0,723	1,161	1,784	1,996	1,753	-2,015
	19	659	984	-325	1342	1325	1459	1434	922	820	1110	1217	1177	1146	786	662	423	278	74	7	85	1320
					683	666	800	775	263	161	451	558	518	487	127	3	-236	-381	-585	-652	-574	661
					-2,101	-2,049	-2,461	-2,384	-0,869	-0,495	-1,387	-1,716	-1,593	-1,498	-0,39	-0,009	0,726	1,172	1,8	2,006	1,766	-2,033
	20	787	1185	-398	1606	1582	1745	1712	1090	982	1342	1470	1420	1380	937	795	508	332	96	5	100	1580
					819	795	958	952	303	195	555	683	633	593	150	8	-279	-455	-697	-782	-687	793
					-2,057	-1,997	-2,407	-2,324	-0,761	-0,489	-1,394	-1,716	-1,59	-1,489	-0,376	-0,02	0,701	1,143	1,751	1,964	1,726	-1,992
	21	898	1366	-468	1814	1792	1980	1931	1195	1130	1558	1700	1640	1595	1057	905	580	387	105	6	108	1792
					916	894	1082	1033	297	232	660	802	742	697	159	7	-318	-511	-793	-892	-790	894
					-1,957	-1,91	-2,311	-2,26	-1,123	-0,616	-1,301	-1,547	-1,438	-1,356	-0,452	0,164	0,684	0,972	1,342	1,905	1,688	-1,91
22°	22	105	178	-73	250	244	260	270	187	150	200	218	210	204	138	93	55	34	7	0	15	250
					145	139	155	165	82	45	95	113	105	99	33	-12	-50	-71	-98	-105	-90	145
					-1,986	-1,904	-2,123	-2,26	-1,123	-0,616	-1,301	-1,547	-1,438	-1,356	-0,452	0,164	0,684	0,972	1,342	1,438	1,232	-1,986
	23	305	534	-229	720	710	764	765	515	456	600	650	630	610	400	273	156	94	18	0	40	719
					415	405	459	460	210	151	259	345	325	305	95	-32	-449	-211	-287	-305	-365	414
					-1,812	-1,768	-2,004	-2,008	-0,917	-0,659	-1,288	-1,506	-1,419	-1,331	-0,414	0,139	0,65	0,921	1,253	1,331	1,157	-1,807
	24	436	765	-329	1021	1005	1082	1090	723	637	856	933	900	873	561	393	224	135	30	0	60	1016
					585	569	646	654	287	201	420	497	464	437	125	-43	-212	-301	-406	-436	-376	580
					-1,778	-1,729	-1,963	-1,987	-0,872	-0,61	-1,276	-1,51	-1,41	-1,328	-0,379	0,13	0,644	0,914	1,234	1,325	1,242	-1,762
	25	582	1023	-441	1350	1325	1428	1447	980	850	1138	1248	1200	1166	740	526	303	190	50	10	80	1343
					768	743	846	865	398	268	556	666	618	584	158	-56	-279	-392	-532	-572	-502	761
					-1,741	-1,684	-1,918	-1,961	-0,902	-0,607	-1,26	-1,51	-1,401	-1,324	-0,358	0,126	-0,328	0,888	1,206	1,297	1,138	-1,725

Forschungsberichte des Wirtschafts- und Verkehrsministeriums Nordrhein-Westfalen

Hilfsblatt zur Bestimmung der Beiwerte $c_{u\ddot{o}rtl.}$ und $c_{s\ddot{o}rtl.}$

Winkel β_1	Vers. Nr.	Druck p'_1 = vor p'_2 = nach Gitter				Unterseite f. $c_{s\ddot{o}rtl.}$		Schaufeloberseite f. $c_{s\ddot{o}rtl.}$										Schaufeloberseite für $c_{u\ddot{o}rtl.}$		Schaufelunterseite f. $c_{s\ddot{o}rtl.}$						Schaufelunterseite für $c_{u\ddot{o}rtl.}$
		1	2	3		4	5	6	7	8	9	10	11	12	13	14	15	16	17	18	19	20	21
		p'_1	p'_2	$p'_1-p'_2$		p_1	p_2	p_3	p_4	p_5	p_6	p_7	p_8	p_9	p_{10}	p_{11}	p_{12}	p_{13}	p_{14}	p_{15}	p_{16}	p_{17}	p_{18}
		mmWS	mmWS	mmWS		mmWS	mmWS	mmWS	mmWS	mmWS	mmWS	mmWS	mmWS	mmWS	mmWS	mmWS	mmWS	mmWS	mmWS	mmWS	mmWS	mmWS	mmWS
22°	26	717	1276	-559	$p_{1,2}\ldots$	1675	1640	1770	1796	1200	1046	1425	1564	1055	1458	908	647	372	233	59	8	100	1661
					$p'_{1,2}\ldots-p'_1$	958	923	1053	1079	483	329	708	847	788	741	191	-70	-345	-484	-658	-709	-617	944
					$p'_{1,2}\ldots-p'_1/p'_1-p'_2$	-1,713	-1,651	-1,914	-1,93	-0,864	-0,588	-1,266	-1,515	-1,409	-1,325	-0,345	0,125	0,617	0,865	1,177	1,268	1,103	-1,688
	27	781	1405	-624		1817	1776	1920	1930	1230	1160	1575	1720	1650	1600	982	700	400	250	64	6	100	1800
						1036	995	1139	1149	449	379	794	939	869	819	201	-81	-381	-331	-717	-775	-681	1019
						-1,66	-1,594	-1,825	-1,845	-0,719	-0,607	-1,272	-1,504	-1,392	-1,312	-0,322	0,129	0,61	0,85	1,149	1,242	1,091	-1,633
31,5°	28	111	253	-142		316	312	332	326	208	234	308	300	288	275	142	73	40	26	7	0	15	314
						205	201	221	215	97	123	189	177	164	31	-38	-71	197	-85	-104	-111	-96	203
						-1,443	-1,415	-1,556	-1,514	-0,683	-0,866	-1,33	-1,387	-1,154	-1,154	0,218	-0,267	0,5	0,598	0,732	0,781	0,676	-1,429
	29	233	547	-313		675	662	700	700	760	500	642	666	627	600	305	162	87	57	13	0	26	667
						442	429	467	467	527	267	409	433	394	367	72	-71	-146	-176	-220	-233	-207	434
						-1,407	-1,366	-1,487	-1,487	-1,678	-0,58	-1,302	-1,378	-1,258	-1,168	-0,229	0,226	0,446	0,56	0,7	0,742	0,659	-1,382
	30	347	809	-462		995	970	1022	1022	695	740	950	986	930	892	445	240	130	84	24	0	40	983
						648	623	675	673	348	393	603	639	583	545	98	-107	-217	-263	-323	-347	-307	636
						-1,402	-1,348	-1,461	-1,456	-0,753	-0,85	-1,305	-1,383	-1,261	-1,179	-0,212	0,231	0,469	0,569	0,699	0,751	0,664	-1,376
	31	459	1084	-625		1320	1282	1350	1350	937	990	1272	1325	1245	1195	590	320	175	115	35	5	55	1300
						861	823	891	478	531	813	866	786	736	131	-139	-284	-344	-424	-454	-404	131	841
						-1,378	-1,317	-1,427	-1,427	-0,765	-0,850	-1,301	-1,386	-1,258	-1,178	-0,210	0,222	0,454	0,550	0,678	0,726	0,646	-1,346
	32	556	1340	-784		1600	1550	1628	1610	1135	1230	1572	1640	1540	1475	715	390	216	140	42	5	65	1575
						1044	994	1072	1054	579	674	1016	1084	984	912	159	-166	-340	-416	-514	-551	-491	1019
						-1,332	-1,267	-1,367	-1,344	-0,739	-0,860	-1,296	-1,382	-1,255	-1,172	-0,203	0,212	0,434	0,531	0,656	0,703	0,626	-1,300
	33	664	1634	-970		1905	1842	1936	1910	1345	1495	1918	1997	1875	1798	850	461	252	162	50	2	70	1678
						1241	1178	1272	1246	681	831	1059	1333	1211	1143	186	-203	-412	-502	-614	-662	-594	1212
						-1,272	-1,214	-1,311	-1,285	-1,002	-0,857	-1,892	-1,374	-1,248	-1,169	-0,192	0,209	0,425	0,518	0,633	0,683	0,612	-1,200
41,5°	34	106	322	-216		520	392	352	320	357	424	433	400	353	333	153	57	32	22	8	0	12	496
						414	286	246	214	251	318	327	296	247	227	29	-49	-47	-84	-98	-106	-94	390
						-1,217	-1,324	-1,139	-0,199	-1,162	-1,472	-1,514	-1,361	-1,144	-1,051	-0,134	0,227	0,343	0,389	0,454	0,491	0,435	-1,806
	35	210	667	-457		1022	772	710	655	750	886	906	830	728	682	266	112	62	41	13	0	17	1082
						988	562	500	445	540	676	696	620	518	472	56	-98	-148	-169	-197	-210	-193	872
						-2,1	-1,229	-1,094	-0,974	-1,182	-1,479	-1,523	-1,357	-1,133	-1,033	-0,123	0,214	0,324	0,370	0,431	0,459	0,422	-0,908
	36	296	941	-645		1400	1060	975	900	1040	1243	1278	1172	1030	965	372	116	90	62	23	2	30	1495
						1104	764	649	604	744	947	982	876	734	669	76	-136	-206	-234	-273	-296	-216	1199
						-1,711	-1,484	-1,053	-0,936	-1,153	-1,468	-1,522	-1,358	-1,138	-1,037	-0,118	0,211	0,319	0,363	0,423	0,459	0,403	-1,859

Forschungsberichte des Wirtschafts- und Verkehrsministeriums Nordrhein-Westfalen

Hilfsblatt zur Bestimmung der Beiwerte $c_{u\text{örtl.}}$ und $c_{s\text{örtl.}}$

Winkel β_1	Vers. Nr.	Druck p'_1 = vor p'_2 = nach Gitter				Schaufeloberseite für $c_{u\text{örtl.}}$										Schaufeloberseite für $c_{s\text{örtl.}}$			Schaufelunterseite für $c_{s\text{örtl.}}$					
		1	2	3		4	5	6	7	8	9	10	11	12	13	14	15	16	17	18	19	20	21
		p'_1	p'_2	$p'_1-p'_2$		p_1	p_2	p_3	p_4	p_5	p_6	p_7	p_8	p_9	p_{10}	p_{11}	p_{12}	p_{13}	p_{14}	p_{15}	p_{16}	p_{17}	p_{18}
		mmWS	mmWS	mmWS		mmWS	mmWS	mmWS	mmWS	mmWS	mmWS	mmWS	mmWS	mmWS	mmWS	mmWS	mmWS	mmWS	mmWS	mmWS	mmWS	mmWS	mmWS
41,5°	37	381	1240	-859		1763	1365	1250	1157	1346	1626	1680	1546	1355	1270	480	210	121	82	33	0	33	1895
						1382	984	869	776	965	1245	1299	1165	974	889	99	-171	-260	-299	-348	-381	-348	1540
					$p_1,_2\ldots$	-1,609	-1,146	-1,012	-0,903	-1,123	-1,449	-1,512	-1,356	-1,134	-1,035	-0,115	0,199	0,303	0,348	0,405	0,444	0,405	-1,763
	38	398	1295	-897	$p_1,_2\ldots-p'_1$	1850	1409	1300	1200	1398	1695	1750	1610	1410	1320	500	218	120	80	30	2	35	1990
					$p_1\ldots-p'_1/p'_1-p'_2$	1452	1011	902	802	1000	1297	1352	1212	1012	922	102	-180	-278	-318	-360	-396	-363	1592
						-1,619	-1,127	-1,006	-0,894	-1,115	-1,446	-1,507	-1,351	-1,128	-1,028	-0,114	0,201	0,310	0,355	0,401	0,441	0,405	-1,775
52°	39	98	149	-111		180	162	158	150	175	205	210	195	184	170	65	30	14	18	9	2	0	154
						142	124	120	112	137	167	172	157	146	132	27	-8	-20	-24	-29	-36	-38	116
						-1,279	-1,117	-1,081	-1,009	-1,234	-1,504	-1,549	-1,414	-1,315	-1,243	-0,243	0,072	0,180	0,216	0,261	0,324	0,342	-1,045
	40	55	222	-167		265	238	230	222	260	310	314	237	272	250	95	40	26	-35	-45	-55	-55	230
						210	183	175	167	205	255	259	217	217	195	40	-15	-29	-35	-45	-55	-55	175
						-1,257	-1,296	-1,048	-1,000	-1,228	-1,527	-1,551	-1,419	-1,299	-1,168	-0,240	0,090	0,147	0,209	0,269	0,329	0,329	-1,048
	41	113	462	-349		514	480	468	450	532	636	656	620	565	515	189	82	50	38	20	2	0	470
						427	367	355	337	419	523	545	507	452	402	76	-31	-63	-75	-93	-113	-113	357
						-1,223	-1,052	-1,017	-0,966	-1,201	-1,499	-1,562	-1,453	-1,295	-1,152	-0,218	0,089	0,181	0,215	0,267	0,324	0,324	-0,923
	42	153	644	-491		750	652	640	620	740	844	920	865	780	720	260	115	70	50	27	0	0	640
						597	499	487	467	587	735	767	712	627	567	107	-38	-83	-103	-126	-153	-153	467
						-1,216	-1,016	-0,992	-0,952	-0,996	-1,497	-1,562	-1,450	-1,277	-1,155	-0,218	0,077	0,169	0,210	0,257	0,310	0,312	-0,992
	43	207	875	-668		990	865	849	824	990	1190	1240	1169	1050	970	348	160	95	75	40	5	5	860
						783	658	642	617	783	983	1033	962	843	763	141	-47	-112	-132	-167	-202	-202	653
						-1,172	-0,984	-0,961	-0,924	-1,172	-1,472	-1,546	-1,440	-1,262	-1,142	-0,211	0,070	0,168	0,198	0,25	0,312	0,312	-0,978
	44	237	1030	-793		1130	990	973	950	1150	1400	1460	1385	1240	1146	400	186	110	80	46	0	960	723
						893	753	736	713	913	1163	1223	1148	1003	909	163	-51	-127	-157	-191	-237	-237	723
						-1,126	-0,950	-0,928	-0,899	-1,151	-1,467	-1,542	-1,448	-1,265	-1,146	-0,206	-0,064	0,160	0,198	0,241	0,299	0,299	-0,912
	45	285	1264	-979		1370	1190	1165	1140	1390	1710	1780	1690	1510	1400	48	223	130	100	60	0	0	1174
						1085	905	880	855	1105	1425	1495	1405	1225	1115	195	-62	-155	-185	-225	-285	-285	889
						-1,108	-0,924	-0,898	-0,873	-1,128	-1,455	-1,527	-1,435	-1,251	-1,138	-0,199	0,063	0,158	0,188	0,229	0,291	0,291	-0,908
	46	317	1414	-1097		1565	1305	1280	1250	1537	1900	1990	1890	1690	1560	535	250	150	120	7	10	10	1260
						1188	988	963	1220	1583	1673	1573	1373	1243	218	-67	-167	-197	-247	-307	-307	933	
						-1,082	-0,9	-0,87	-0,85	-1,112	-1,443	-1,525	-1,433	-1,251	-1,133	-0,198	0,061	0,152	0,179	0,225	0,279	0,279	-0,859

Seite 50

Hilfsblatt zur Bestimmung der Beiwerte $c_{u\text{örtl.}}$ und $c_{s\text{örtl.}}$

Winkel β_1	Vers. Nr.	Druck p'_1 = vor p'_2 = nach Gitter				Unterseite f. $c_{u\text{örtl.}}$	Schaufeloberseite für $c_{u\text{örtl.}}$						Schaufeloberseite für $c_{s\text{örtl.}}$					Schaufelunterseite für $c_{s\text{örtl.}}$					Schaufelunterseite für $c_{s\text{örtl.}}$	
		1	2	3		4	5	6	7	8	9	10	11	12	13	14	15	16	17	18	19	20	21	
		p'_1	p'_2	$p'_1-p'_2$		p_1	p_2	p_3	p_4	p_5	p_6	p_7	p_8	p_9	p_{10}	p_{11}	p_{12}	p_{13}	p_{14}	p_{15}	p_{16}	p_{17}	p_{18}	
		mmWS	mmWS	mmWS		mmWS	mmWS	mmWS	mmWS	mmWS	mmWS	mmWS	mmWS	mmWS	mmWS	mmWS	mmWS	mmWS	mmWS	mmWS	mmWS	mmWS	mmWS	
63°	47	49	243	-194	$p_1,_2\ldots$	212	210	224	234	282	330	336	315	305	298	103	50	33	30	22	9	3	30	
						163	161	175	185	233	281	287	266	256	249	54	1	-16	-19	-27	-40	-46	-19	
					$p_{1,2}\ldots-p'_1$	-0,84	-0,829	-0,902	-0,953	-1,201	-1,448	-1,479	-1,371	-1,319	-1,283	-0,278	-0,005	0,82	0,097	0,139	0,206	0,237	0,097	
	48	87	442	-355	$p_1\ldots-p'_1/p'_1-p'_2$	380	375	400	423	510	610	623	580	563	538	180	90	60	50	38	20	8	226	
						293	288	313	336	423	523	536	493	476	451	93	3	-27	-37	-49	-67	-79	139	
						-0,825	-0,811	-0,881	-0,946	-1,196	-1,561	-1,509	-1,388	-1,334	-1,27	-0,261	-0,008	0,076	0,104	0,138	0,188	0,222	-0,391	
	49	125	662	-537		560	550	588	621	756	908	930	880	845	780	265	128	80	63	50	20	0	330	
						435	425	463	496	631	783	805	755	720	655	140	3	-45	-62	-75	-105	-125	205	
						-0,81	-0,791	-0,862	-0,923	-1,175	-1,458	-1,499	-1,405	-1,34	-1,219	-0,26	-0,005	0,083	0,115	0,139	0,195	0,232	-0,283	
	50	158	860	-702		700	690	738	790	972	1176	1220	1150	1100	1028	340	160	100	87	60	20	0	410	
						542	532	580	632	814	1018	1062	992	942	870	182	2	-58	-71	-98	-138	-158	252	
						-0,772	-0,557	-0,826	-0,9	-1,159	-1,45	-1,512	-1,413	-1,341	-1,239	-0,259	-0,002	0,082	0,101	0,139	0,126	0,225	358	
	51	189	1050	-861		837	820	877	955	1170	1435	1496	1415	1347	1240	405	195	120	100	72	22	0	480	
						648	631	688	761	981	1246	1307	1226	1158	1051	216	6	-69	-89	-117	-167	-189	291	
						-0,752	-0,732	-0,799	-0,883	-1,139	-1,447	-1,518	-1,243	-1,344	-1,22	-0,25	-0,006	0,08	0,103	0,135	0,193	0,219	-0,237	
	52	216	1255	-1039		970	950	1021	1104	1380	1700	1780	1700	1610	1575	474	280	140	120	84	28	0	545	
						754	734	805	888	1164	1464	1564	1484	1394	1259	258	64	-76	-96	-132	-188	-216	329	
						-0,725	-0,706	-0,774	-0,854	-1,12	-1,428	-1,505	-1,428	-1,341	-1,211	-0,248	-0,061	0,073	0,092	0,127	0,18	0,207	-0,316	
	53	245	1426	-1181		1080	1056	1133	1232	1540	1910	2008	1920	1815	1612	530	256	158	135	97	35	613	7	
						835	811	888	887	1295	1665	1763	1675	1570	1367	285	11	-87	-110	-148	-210	-238	368	
						-0,707	-0,686	-0,751	-0,751	-0,197	-1,409	-1,493	-1,418	-1,329	-1,157	-1,241	-0,009	0,073	0,093	0,125	0,177	0,201	-0,311	
74°	54	37	211	-174		130	146	166	190	240	286	294	274	265	260	90	45	30	25	22	13	8	50	
						93	109	129	153	203	249	257	237	228	223	258	8	-7	-12	-15	-24	-29	13	
						-0,534	-0,626	-0,741	-0,879	-1,166	-1,431	-1,477	-1,362	-1,31	-1,281	-0,304	-0,045	0,04	0,068	0,086	0,137	0,166	-0,074	
	55	72	435	-363		255	287	332	390	495	600	620	580	560	535	180	90	62	58	50	30	18	90	
						183	215	260	318	423	528	548	508	488	463	108	18	-10	-14	-22	-42	-54	18	
						-0,504	-0,592	-0,716	-0,678	-1,165	-1,455	-1,510	-1,399	-1,344	-1,275	-0,298	-0,049	0,028	0,039	0,061	0,116	0,149	-0,049	
	56	100	630	-530		370	410	480	560	715	870	900	850	815	770	255	128	85	75	62	40	24	125	
						270	310	380	460	615	770	800	750	715	670	155	28	-15	-25	-38	-60	-76	25	
						-0,509	-0,585	-0,717	-0,868	-1,160	-1,453	-1,509	-1,415	-1,349	-1,264	-0,292	-0,35	0,028	0,047	0,072	0,113	0,143	-0,047	
	57	129	829	-700		470	520	620	723	926	1140	1190	1125	1070	1000	330	163	107	97	79	49	30	150	
						341	391	491	594	797	1011	1061	996	941	871	201	34	-22	-32	-50	-80	-99	21	
						-0,487	-0,559	-0,701	-0,849	-1,139	-1,444	-1,516	-1,423	-1,344	-1,244	-0,287	-0,049	0,031	0,046	0,071	0,114	0,141	-0,06	
	58	148	993	-845		558	612	730	855	1105	1364	1430	1360	1290	1200	386	190	121	110	90	50	26	187	
						410	464	582	707	957	1216	1282	1212	1142	1052	283	42	-27	-38	-58	-98	-122	39	
						-0,485	-0,549	-0,689	-0,837	-1,133	-1,439	-1,517	-1,434	-1,351	-1,245	-0,282	-0,050	0,032	0,045	0,069	0,116	0,144	-0,046	

Hilfsblatt zur Bestimmung der Beiwerte $c_{u\ddot{o}rtl.}$ und $c_{s\ddot{o}rtl.}$

Win-kel	Vers.	Druck p'_1 = vor p'_2 = nach Gitter				Unterseite f. $c_{u\ddot{o}rtl.}$		Schaufeloberseite für $c_{u\ddot{o}rtl.}$			Schaufeloberseite für $c_{s\ddot{o}rtl.}$							Schaufelunterseite für $c_{s\ddot{o}rtl.}$					
β_1	Nr.	1 p'_1 mmWS	2 p'_2 mmWS	3 $p'_1-p'_2$ mmWS		4 p_1 mmWS	5 p_2 mmWS	6 p_3 mmWS	7 p_4 mmWS	8 p_5 mmWS	9 p_6 mmWS	10 p_7 mmWS	11 p_8 mmWS	12 p_9 mmWS	13 p_{10} mmWS	14 p_{11} mmWS	15 p_{12} mmWS	16 p_{13} mmWS	17 p_{14} mmWS	18 p_{15} mmWS	19 p_{16} mmWS	20 p_{17} mmWS	21 p_{18} mmWS
74°	59	182	1240	-1058	$p_{1,2}\cdots$	670	740	877	1040	1350	1690	1775	1695	1605	1490	473	240	155	140	120	70	40	212
					$p_{1,2}\cdots-p'_1$	488	558	695	858	1168	1508	1593	1513	1423	1308	291	58	-27	-42	-62	-112	-142	30
					$p_{1,2}\cdots-p'_1/p'_1-p'_2$	-0,461	-0,527	-0,657	-0,811	-1,104	-1,425	-1,506	-1,430	-1,345	-1,326	-0,275	-0,055	0,026	0,039	0,059	0,106	0,134	-0,028
	60	201	1404	-1203		745	817	974	1150	1563	1842	1998	1910	1803	1672	524	264	170	155	130	77	40	255
						544	616	773	949	1302	1641	1797	1709	1602	1471	323	63	-31	-56	-71	-124	-161	54
						-0,452	-0,512	-0,643	-0,789	-1,082	-1,364	-1,494	-1,421	-1,332	-1,223	-0,268	-0,052	-0,026	-0,038	-0,059	-0,103	-0,134	-0,045
86°	61	30	218	-188		90	118	147	185	245	295	305	285	275	270	95	46	30	28	26	21	17	12
						60	88	117	155	215	265	275	255	245	240	65	16	0	-2	-4	-9	-13	-18
						-0,319	-0,468	-0,622	-0,824	-1,144	-1,409	-1,463	-1,356	-1,303	-1,276	-0,345	-0,085	-0,01	-0,021	-0,047	-0,069	-0,095	0
	62	61	427	-366		185	230	290	365	480	590	610	575	550	530	180	90	60	60	55	45	30	28
						124	169	229	304	419	529	549	514	469	119	29	489	-1	-1	-6	-16	-31	33
						-0,338	-0,461	-0,625	-0,83	-1,144	-1,445	-1,5	-1,404	-1,336	-1,281	-1,325	-0,97	0,02	0,02	0,016	0,043	0,084	0,09
	63	87	630	-543		260	330	420	530	705	870	905	860	815	775	255	130	90	85	85	60	50	30
						173	243	333	443	618	783	818	773	728	688	168	43	3	-2	-2	-27	-37	-57
						-0,318	-0,447	-0,613	-0,815	-1,138	-1,441	-1,506	-1,423	-1,34	-1,267	-0,309	-0,079	-0,005	-0,003	0,003	-0,049	-0,068	-0,104
	64	111	813	-702		325	410	530	675	900	1110	1165	1110	1050	985	324	165	110	105	100	76	60	45
						214	299	419	564	789	999	1054	999	939	874	213	54	-1	-6	-11	-35	-51	-66
						-0,304	-0,425	-0,596	-0,803	-1,123	-1,423	-1,501	-1,423	-1,337	-1,245	-0,303	-0,076	0,001	0,008	0,015	0,049	0,072	0,092
	65	144	1033	-889		408	515	660	840	1125	1410	1480	1340	1250	1196	210	145	140	135	105	1415	85	60
						264	371	516	696	981	1266	1336	1271	1196	1106	261	66	1	-4	-9	-39	-59	-84
						-0,296	-0,417	-0,58	-0,782	-1,103	-1,424	-1,505	-1,429	-1,345	-1,244	-0,293	-0,074	-0,001	0,04	0,01	0,043	0,066	0,094
	66	166	1245	-1079		480	600	780	995	1345	1690	1780	1705	1610	1495	480	250	170	160	150	120	100	65
						314	434	614	829	1179	1524	1614	1539	1444	1329	314	84	4	-6	-16	-46	-66	-101
						-0,291	-0,402	-0,569	-0,768	-1,092	-1,412	-1,495	-1,426	-1,338	-1,231	-0,291	-0,077	-0,003	0,005	0,014	0,042	0,061	0,093
	67	181	1387	-1206		515	652	848	1082	1463	1862	1976	1896	1787	1660	521	270	180	170	164	130	100	165
						334	471	667	901	1282	1681	1795	1715	1606	1479	340	89	-1	-11	-17	-51	-81	-16
						-0,276	-0,339	-0,559	-0,747	-1,063	-1,393	-1,488	-1,422	-1,331	-1,266	-0,281	-0,073	0,001	0,009	0,014	0,024	0,067	0,013
98°	68	37	226	-189		65	100	138	185	250	306	318	300	285	278	100	53	40	41	40	37	36	7
						28	63	101	148	213	269	281	263	248	241	63	16	3	4	3	0	-1	-30
						-0,148	-0,333	-0,534	-0,781	-1,126	-1,423	-1,486	-1,391	-1,312	-1,275	-0,333	-0,48	-0,016	-0,021	-0,016	0	0,005	0,158
	69	65	432	-367		124	190	262	355	476	590	614	582	554	530	182	96	66	66	70	66	63	0
						59	125	197	290	411	525	549	517	489	465	117	31	1	1	5	1	-2	-65
						-0,16	-0,34	-0,536	-0,79	-1,119	-1,43	-1,495	-1,408	-1,332	-1,267	-0,318	-0,084	-0,002	-0,002	-0,003	-0,002	0,005	0,007

Forschungsberichte des Wirtschafts- und Verkehrsministeriums Nordrhein Westfalen

Winkel β_1	Druck p'_1 = vor p'_2 = nach Gitter			Unterseite f. $c_{u\ddot{o}rtl.}$			Schaufeloberseite für $c_{s\ddot{o}rtl.}$							Schaufelunterseite für $c_{s\ddot{o}rtl.}$							
Vers. Nr.	1 p'_1 mmWS	2 p'_2 mmWS	3 $p'_1-p'_2$ mmWS	4 p_1 mmWS	5 p_2 mmWS	6 p_3 mmWS	7 p_4 mmWS	8 p_5 mmWS	9 p_6 mmWS	10 p_7 mmWS	11 p_8 mmWS	12 p_9 mmWS	13 p_{10} mmWS	14 p_{11} mmWS	15 p_{12} mmWS	16 p_{13} mmWS	17 p_{14} mmWS	18 p_{15} mmWS	19 p_{16} mmWS	20 p_{17} mmWS	21 p_{18} mmWS
			$p_1, p_2 \dots$																		
			$p_1, p_2 \dots -p'_1$																		
			$p_1, \dots -p'_1/p'_1-p'_2$																		
98°70	93	626	-533	172	265	370	508	688	854	893	850	804	760	258	134	96	97	100	99	92	0
				79	172	277	415	595	761	800	757	711	667	165	41	3	4	7	6	-1	-93
				-0,148	-0,322	-0,519	-0,778	-1,116	-1,427	-1,5	-1,42	-1,33	-1,251	-0,09	-0,076	-0,05	-0,07	-0,013	-0,011	0,001	0,174
71	127	839	-712	226	350	388	666	912	1145	1200	1150	1085	1045	341	183	130	130	138	136	136	10
				99	223	361	539	785	1018	1073	1023	958	888	214	56	3	3	11	9	3	-117
				-0,139	-0,313	-0,507	-0,557	-1,102	-1,429	-1,507	-1,436	-1,345	-1,247	-0,3	-0,078	-0,004	0,004	-0,015	-0,012	-0,004	0,164
72	147	1010	-863	270	410	575	788	1079	1364	1440	1380	1298	1210	403	217	150	150	161	158	150	10
				123	263	428	641	932	1217	1293	1233	1151	1063	256	70	3	3	14	11	3	-137
				-0,142	-0,304	-0,495	-0,742	-1,079	-1,48	-1,498	-1,428	-1,33	-1,231	-2,96	-0,081	-0,003	-0,003	-0,016	-0,012	-0,03	0,158
73	177	1244	-1067	318	486	692	950	1314	1673	1768	1700	1608	1490	483	259	180	182	193	192	181	9
				141	309	515	773	1137	1496	1591	1523	1431	1313	1306	28	3	5	16	15	4	-168
				-0,132	-0,282	-0,482	-0,724	-1,065	-1,402	-1,491	-1,427	-1,341	-1,23	-0,286	0,076	-0,002	-0,004	-0,014	-0,014	-0,003	0,157
74	195	1378	-1183	344	525	750	1034	1435	1842	1962	1885	1770	1647	531	286	202	202	215	210	201	17
				149	330	555	839	1240	1647	1767	1690	1575	1452	363	91	7	7	20	15	6	-178
				-0,125	-0,278	-0,469	-0,709	-1,048	-1,293	-1,493	-1,428	-1,331	-1,227	-0,284	-0,076	-0,005	-0,005	-0,016	-0,012	-0,005	0,15
110° 75	45	228	-183	38	78	121	180	250	310	324	305	290	280	100	55	40	44	51	60	65	13
				-7	33	76	135	205	265	279	260	249	235	55	10	-5	-1	6	15	20	-32
				+0,038	-0,180	-0,415	-0,738	-1,120	-1,448	-1,525	-1,421	-1,339	-1,284	-0,301	-0,45	-0,027	0,003	0,005	-0,033	-0,082	-0,109
76	79	412	-333	62	134	215	323	450	562	587	558	528	507	180	100	70	75	92	108	118	22
				-17	55	136	244	371	483	508	479	449	428	101	21	-9	-4	13	29	39	-57
				0,051	-0,165	-0,408	-0,733	-1,114	-1,450	-1,526	-1,438	-1,348	-1,285	-0,303	-0,063	+0,027	0,012	-0,039	-0,089	0,117	0,171
77	115	618	-503	94	200	316	475	665	839	878	839	790	748	262	140	100	108	132	158	172	28
				-21	85	201	360	550	724	763	724	675	633	147	25	-15	-7	17	43	57	-87
				0,042	-0,162	-0,399	-0,716	-1,093	-1,439	-1,517	-1,439	-1,342	-1,258	-0,229	-0,050	-0,030	-0,041	-0,034	-0,085	-0,113	0,173
78	157	849	-692	123	264	423	637	900	1140	1200	1150	1085	1008	350	193	140	147	177	213	234	39
				-34	107	266	480	743	983	1043	993	928	851	193	36	-17	-10	20	56	77	118
				-0,049	-0,155	-0,384	-0,694	-1,074	-1,421	-1,507	-1,435	-1,341	-1,230	-0,279	-0,052	0,025	0,014	-0,029	-0,081	-0,111	0,171
79	183	1016	-833	144	312	500	757	1072	1370	1450	1389	1300	1220	420	226	164	170	210	258	280	45
				-39	129	317	574	889	1187	1267	1206	1117	1037	230	83	-19	-13	27	75	97	-138
				0,047	-0,155	-0,381	-0,689	-1,067	-1,425	-1,521	-1,448	-1,341	-1,245	-0,276	-0,099	0,023	0,016	-0,032	-0,090	-0,116	0,166
80	211	1195	-984	162	358	576	878	1250	1610	1708	1639	1536	1442	480	266	190	200	242	300	326	57
				-49	127	365	667	1039	1399	1497	1428	1325	1231	269	55	-21	-11	31	89	115	-154
				0,050	-0,149	-0,371	-0,678	-1,058	-1,421	-1,521	-1,451	-1,347	-1,251	-0,273	-0,056	0,021	0,011	-0,032	-0,090	-0,117	0,157

Forschungsberichte des Wirtschafts- und Verkehrsministeriums Nordrhein Westfalen

Hilfsblatt zur Bestimmung der Beiwerte $c_{u\ddot{o}rtl.}$ und $c_{s\ddot{o}rtl.}$

Winkel β_1	Vers. Nr.	Druck p'_1 = vor Gitter, p'_2 = nach Gitter				Unterseite f. $c_{u\ddot{o}rtl.}$			Schaufeloberseite für $c_{s\ddot{o}rtl.}$										Schaufelunterseite für $c_{s\ddot{o}rtl.}$							
		1	2	3		4	5	6	7	8	9	10	11	12	13	14	15	16	17	18	19	20	21
		p'_1	p'_2	$p'_1-p'_2$		p_1	p_2	p_3	p_4	p_5	p_6	p_7	p_8	p_9	p_{10}	p_{11}	p_{12}	p_{13}	p_{14}	p_{15}	p_{16}	p_{17}	p_{18}
		mmWS	mmWS	mmWS		mmWS	mmWS	mmWS	mmWS	mmWS	mmWS	mmWS	mmWS	mmWS	mmWS	mmWS	mmWS	mmWS	mmWS	mmWS	mmWS	mmWS	mmWS
110°	80	238	1367	-1129	$p_1,p_2 \ldots$	187	407	654	995	1426	1850	1975	1900	1778	1670	545	300	217	224	272	335	370	60
	81				$p_1,p_2 \ldots p'_1$	-51	169	416	757	1188	1612	1737	1662	1540	1432	307	62	-21	-14	34	97	132	-178
					$p_1 \ldots p'_1/p'_1-p'_2$	0,045	-0,150	-0,368	-0,671	-0,152	-1,428	-1,539	-1,472	-1,364	-1,268	-0,272	-0,055	0,019	0,012	-0,03	-0,086	-0,117	0,158
123°	82	82	211	-160		12	50	95	162	228	283	295	280	265	256	92	50	50	60	80	92	92	43
						-39	-1	44	111	177	232	244	229	214	205	41	-1	-1	9	29	41	41	-8
						0,244	0,06	-0,275	-0,694	-1,106	-1,450	-1,525	-1,431	-1,338	-1,281	-0,256	0,006	0,006	-0,056	-0,181	-0,256	-0,256	0,050
	83	104	417	-313		30	105	190	317	450	563	590	564	530	500	184	105	98	122	165	190	187	100
						-74	1	86	213	346	459	486	460	426	396	80	1	-6	18	61	86	83	-4
						0,236	-0,003	-0,275	-0,286	-0,105	-0,466	-1,553	-1,470	-1,361	-1,265	-0,256	-0,003	0,019	-0,058	-0,195	-0,275	-0,265	0,012
	84	164	638	-447		44	157	290	484	690	868	910	870	812	764	282	165	150	190	250	276	270	150
						-120	-7	126	320	526	704	746	706	648	600	118	1	-14	26	86	112	106	-14
						0,253	0,015	-0,266	-0,675	-1,110	-1,485	-1,575	-1,489	-1,367	-1,266	-0,249	-0,012	0,029	-0,055	-1,181	-0,236	-0,224	0,029
	85	212	849	-637		55	203	374	627	900	1138	1200	1152	1072	1002	363	210	196	250	334	364	358	192
						-157	-9	162	415	688	926	988	940	860	790	151	-2	-61	38	122	153	146	-20
						0,226	0,014	-0,254	-0,651	-1,08	-1,453	-1,551	-1,574	-1,35	-1,24	-0,237	0,003	0,003	-0,059	-0,191	-0,24	-0,229	0,031
	86	263	1044	-781		67	250	456	762	1096	1392	1470	1419	1316	1225	442	260	244	300	400	434	424	227
						-196	-238	193	499	833	1129	1207	1156	1053	962	119	-3	-19	37	137	171	161	-36
						0,25	0,304	-0,247	-0,638	-1,066	-1,445	-1,545	-1,48	-1,348	-1,231	-1,229	0,003	0,024	-0,047	-0,175	-0,218	-0,206	0,046
	87	312	1251	-939		82	300	543	908	1310	1676	1780	1714	1593	1492	526	312	292	363	475	515	506	274
						-230	-12	231	596	-181	1364	1488	1402	1281	1180	214	0	-20	51	163	203	194	-38
						0,244	0,012	-0,246	-0,634	0,192	-1,452	-1,563	-1,493	-1,364	-1,256	-0,227	0	0,027	-0,054	-0,173	-0,216	-0,206	0,04
	88	344	1368	-1024		92	326	594	993	1435	1848	1970	1900	1764	1649	575	340	320	392	515	555	545	295
						-252	-18	250	649	1091	1504	1626	1556	1420	1305	231	-4	-24	48	171	211	201	-49
						0,246	0,017	-0,24	-0,633	-1,065	-1,468	-1,587	-1,519	-1,386	-1,274	-0,225	0,003	0,023	-0,046	-0,166	-0,206	-0,196	0,047

Ba = 752 [mmHg]
t_0 = 20 [°C]

Forschungsberichte des Wirtschafts- und Verkehrsministeriums Nordrhein Westfalen

L. Auswertung der Meßergebnisse

Da der Prüfstand mit Absaugung arbeitet, waren die gemessenen Drücke sämtlich Unterdrücke. Sie sind in den Tabellen Seite 45 ÷ 54 angegeben.

Mit den folgenden Bezeichnungen wurden die Meßergebnisse ausgewertet:

p'_1 statischer Druck vor dem Gitter im Einlaufkanal. Mittelwert aus vier Meßbohrungen an den Einlaufkanalwänden

p'_2 statischer Druck hinter dem Gitter im Abströmkanal. Mittelwert aus 2 Meßbohrungen an den Kanalwänden.

p_{1-18} statischer Druck am Umfang der Druckmeßschaufel.

Mit U-Rohren neben dem Vielfachmanometer (s.Abb.33) wurden folgende Drücke gemessen:

Δp_2 Staudruck der Abströmgeschwindigkeit, hinter dem Gitter mit Prandtl'-Rohr gemessen (bei der Auswertung nicht benutzt)

p'_3 Druck vor der Meßblende zur Messung der Durchsatzmenge

Δp_3 Wirkdruck an der Meßblende

Diese Drücke sind in den Tabellen auf Seite 45 - 47 enthalten.

In den Diagrammen Abbildung 39 bis 68 sind die Verteilungen der Drücke in Umfangsrichtung für alle Meßreihen über der Gitterbreite b aufgetragen. Daraus ist auch die Abhängigkeit der Druckverteilung von der Re- Zahl ersichtlich.

Die Integration der Druckverteilung liefert die Schaufelkraft U (je 1 cm radialer Schaufelerstreckung) in Umfangsrichtung. Daraus läßt sich der örtliche (auf den betreffenden Profilschnitt bezogene) Umfangskraftbeiwert berechnen. Ebenso läßt sich die in Achsrichtung wirkende Schaufelkraft S ermitteln, die mit U zusammengesetzt eine Resultierende R ergibt, welche für den Fall der reibungsfreien Strömung (Abb.37-38) dem Auftrieb A entspricht.

Für die Errechnung von $c'_{u\,\text{örtl.}}$ werde zunächst das statische Druckgefälle im Gitter als Bezugsgröße eingeführt:

$$c'_{u\,\text{örtl.}} = \frac{U}{(p'_1 - p'_2) \cdot b}$$

Die Umfangskraft ergibt sich aus:

$$U = \int_{x=0}^{b} (p_u - p_{ob})\, dx$$

p_u = Druck auf der Schaufelunterseite

p_{ob} = Druck auf der Schaufeloberseite

Es ist also:

$$c'_{u\,\text{örtl.}} = \int_0^1 \frac{p_u - p_{ob}}{p'_1 - p'_2}\, d\left(\frac{x}{b}\right)$$

Wird die Druckverteilung, wie es in Abbildung 39 - 68 geschehen ist, in dimensionsloser Form, bezogen auf die statische Druckdifferenz, aufgetragen, so läßt sich, gemäß der obigen Gleichung, hieraus durch Planimetrieren unmittelbar der Umfangskraftbeiwert ermitteln. Entsprechend ergibt sich für die Schaufelkraft in Achsrichtung der örtliche Schubkraftbeiwert.

$$c'_{s\,\text{örtl.}} = \int_0^1 \frac{p_u - p_{ob}}{p'_1 - p'_2}\, d\left(\frac{y}{e}\right) \quad \text{bzw. die Schubkraft S}$$

In den Diagrammen Seite 93 bis 130 sind die Druckverteilungen aller Meßreihen über die Umfangserstreckung e des Profils aufgetragen. Daraus ergibt sich die Schubkraft, da

$$c'_{s\,\text{örtl.}} = \frac{S}{(p'_1 - p'_2) \cdot e}$$

zu:

$$S = \int_{y=0}^{e} (p_u - p_{ob})\, dy$$

Diese örtlichen Umfangs- und Schubkraftbeiwerte sind in den Tabellen Seite 131/133 für den gesamten Re-Zahlbereich abhängig vom Zuströmwinkel β_1 zusammengestellt und in Abbildung 1o7 über β_1 aufgetragen.

Die hier benutzte, der gebräuchlichsten Formulierung der beiden Werte entsprechende Beziehung auf die Differenz der statischen Drücke vor und hinter dem Gitter, ist in mancher Beziehung nicht die günstigste. Insbesondere ergibt sich hiermit bei abnehmendem Reaktionsgrad ein unbegrenztes Anwachsen des Beiwertes, der bei reiner Gleichdruckwirkung den Wert unendlich erreicht. Da die Beiwerte keine Gütekennzeichen sind, würde dies bei korrekter Benutzung derselben richtige Ergebnisse liefern, außer bei gleichem Zu- und Abströmwinkel, also im Gleichdruckfall, wo die Definition unbrauchbar wird. Günstiger wäre es, eine andere Bezugsgröße zu wählen, die für alle Fälle brauchbare Werte liefert. Hierfür käme beispielsweise die Zuströmenergie $\rho/2 \cdot w_1^2$ in Betracht. Abb. 1o8 zeigt zwei Druckverteilungskurven, bezogen auf diese Größe, die, da für alle Punkte eines Druckverteilungsdiagrammes die Bezugsgröße gleich ist, eine Maßstabsveränderung gegenüber den Werten der Abbildungen 39 - 68 darstellt.

Diese Maßstabsveränderung ist natürlich bei den Diagrammen für verschiedene Anströmwinkel verschieden. Dementsprechend verlaufen auch die Kurven der c_u und c_s-Werte bezogen auf q_1 anders als die auf die statische Druckdifferenz bezogenen. Sie lassen sich durch Umrechnung auf die andere Bezugsgröße leicht aus den Kurven der Abbildung 1o7 ermitteln und sind in Abbildung 1o9 dargestellt.

Die Berechnung der durchgesetzten Luftmenge ergibt sich aus der Blendenmessung:

$$Q = \alpha \cdot \varepsilon \cdot F_3 \cdot \sqrt{\frac{2g \cdot \Delta p_3}{\gamma_3}} = \alpha \cdot F_3 \cdot \sqrt{2g} \cdot \varepsilon \cdot \sqrt{\frac{\Delta p_3}{\gamma_3}} \quad \left[\frac{m^3}{s}\right]$$

Hierbei ist $\alpha = f(m) =$ Durchflußzahl der Blende $m = 0,5; \alpha = 0,695$
$F_3 =$ Querschnitt der Normblende $= 0,01267\ m^2$
$\varepsilon =$ Expansionszahl nach den VDI- Meßregeln.

Die mittleren Strömungsgeschwindigkeiten im Einlaufkanal und im Kanal hinter dem Gitter ergeben sich aus der Kontinuitätsbedingung zu:

$$w_1 = \frac{G}{\gamma_1 F_1} \qquad w_2 = \frac{G}{\gamma_2 \cdot F_2} \quad \left[\frac{m}{s}\right] \qquad G = Q \cdot \gamma_3 \left[\frac{kg}{s}\right]$$

wobei F_1 = Einlaufkanalquerschnitt ist.

Für $\beta_1^* = 90°$ ist $F_{1(90°)} = 0,01378\ m^2$

für beliebiges β_1^* ist $F_1 = F_{1(90°)} \cdot \sin \beta_1^*$

F_2 = Querschnitt des Abströmkanals = $0,005312\ m^2$

Der gemessene Luftdurchsatz $Q\ \left[\frac{m^3}{s}\right]$ abhängig vom Zuströmwinkel β_1 und vom Druckverhältnis ist in Abbildung 110 dargestellt.

Bei Vernachlässigung der Reibung ergibt sich die Richtung β_∞ der Translationsgeschwindigkeit w_∞ zu $tg\beta_\infty = \frac{U}{S}$ und damit die Geschwindigkeit

$$w_\infty = \frac{w_{1\ ax}}{\sin \beta_\infty} \qquad \text{(s. Tabelle S. 131 bis 133)}$$

Dieses w_∞ wird der Ermittlung der Re-Zahl $Re = \frac{w_\infty \cdot l}{\nu}$ zugrundegelegt.

Die Re-Zahl wird hier noch mit der Sehnenlänge l und der Geschwindigkeit w_∞ gebildet. Ob es bei experimentellen Untersuchungen von Gittern, insbesondere solchen mit starker Richtungsänderung der Strömung im Gitter, sinnvoll ist, die Geschwindigkeit w_∞ als Bezugsgröße zu verwenden, sei dahingestellt, zumal hierdurch ein erheblich größerer Aufwand für die Auswertung erforderlich wird, und sich keine besonderen Vorteile ergeben. Eine Bezugnahme beispielsweise auf w_1 oder w_2 kann, zumal bei starker Umlenkung, eventuell vorteilhafter sein.

$\nu_{Luft} = 15,1 \cdot 10^{-6}\ \left[m^2/s\right]$ = kinematische Zähigkeit der Luft bei $20°C$

l = Schaufelsehne = $35,58\ mm = 0,03558\ m$

Bei den Messungen lagen die Re-Zahlen im Bereich von $0,4 \div 2,3 \cdot 10^5$
Sie sind in der Tabelle auf Seite 131/133 für alle Meßreihen angegeben.

Um ein Bild über die Verteilung der Zirkulation über die Gitterbreite zwecks Prüfung der Frage zu gewinnen, wie weitgehend, bzw. bei welchen Anströmwinkeln die wirkliche Verteilung von der Annahme einer elliptischen Verteilung abweicht, ist in den Diagrammen S. 138 und 139 die Zirkulationsverteilung $\gamma(x)$ längs der Schaufelbreite aufgetragen. Sie wurde folgendermaßen ermittelt:

Bezeichnet $\gamma(x)$ die Zirkulation je Längeneinheit der Profilbreite, dann ist die Gesamtzirkulation einer Schaufel

$$\Gamma = \int_{x=0}^{b} \gamma(x)\, dx$$

und damit bei reibungsfreier Strömung der Auftrieb $A = \rho \cdot w_\infty \cdot \Gamma$, der senkrecht auf w_∞ steht. (Vergl. Abb. 37 und 38)

Oder

$$A = \rho \cdot w_\infty \cdot \int \gamma(x)\, dx$$

Mit $\sin \beta_\infty = U/A$ und $U = \int_{x=0}^{b} (p_u - p_{ob})\, dx$

ist

$$A = \frac{1}{\sin \beta_\infty} \cdot \int (p_u - p_{ob})\, dx$$

Dann ergibt sich: $\rho \cdot w_\infty \cdot \int \gamma(x)\, dx = \dfrac{1}{\sin \beta_\infty} \cdot \int (p_u - p_{ob})\, dx$

$$\int \gamma(x)\, dx = \frac{1}{\rho \cdot w_\infty \cdot \sin \beta_\infty} \cdot \int (p_u - p_{ob})\, dx$$

$$w_\infty \cdot \sin \beta_\infty = w_{1\,ax}$$

$$\boxed{\gamma(x) = \frac{1}{\rho \cdot w_{1\,ax}} \cdot (p_u - p_{ob})} \quad \left[\frac{m}{s}\right]$$

$p_u - p_{ob}$ ergibt sich aus den Druckverteilungsmessungen, die über der Schaufelbreite b aufgetragen sind.

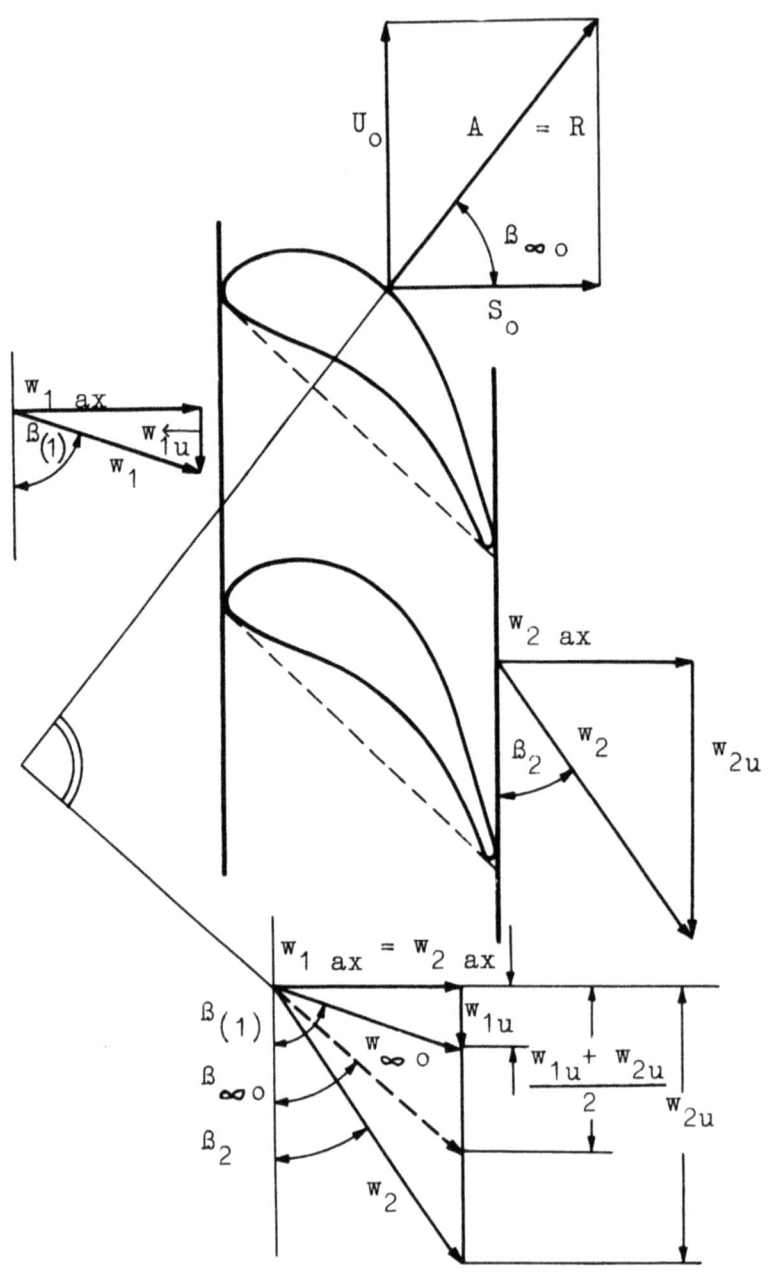

Abbildung 37

Geschwindigkeits- und Kräfteplan für die Strömung ohne Reibung durch ein ebenes Schaufelgitter

Die Ergebnisse dieser Berechnungen, die, jeweils auf den Maximalwert bezogen, in Abb. 111 dargestellt sind, gelten wegen der Annahme reibungsfreier Strömung nur angenähert. Sie zeigen aber, daß sich die Zirkulationsverteilung bei den verschiedenen Anströmrichtungen β_1 stark ändert.

Die elliptische Zirkulationsverteilung ist hiernach bei den Anströmrichtungen $70° > ß_1 > 100°$ noch am ehesten erfüllt. Die stärksten Abweichungen ergeben sich erklärlicherweise infolge von Abreißerscheinungen bei starker Umlenkung, also kleinem $\sphericalangle ß_1$.

$ß_\infty$ ergibt sich aus: $ctg ß_\infty = \frac{1}{2}\left[ctg ß_{(1)} + ctg ß_2\right]$ wobei $ß_{(1)}$ der Komplementwinkel zu dem bei den Messungen (entsprechend dem Gebrauch im Turbinenbau) benutzten Winkel $ß_1$ ist.

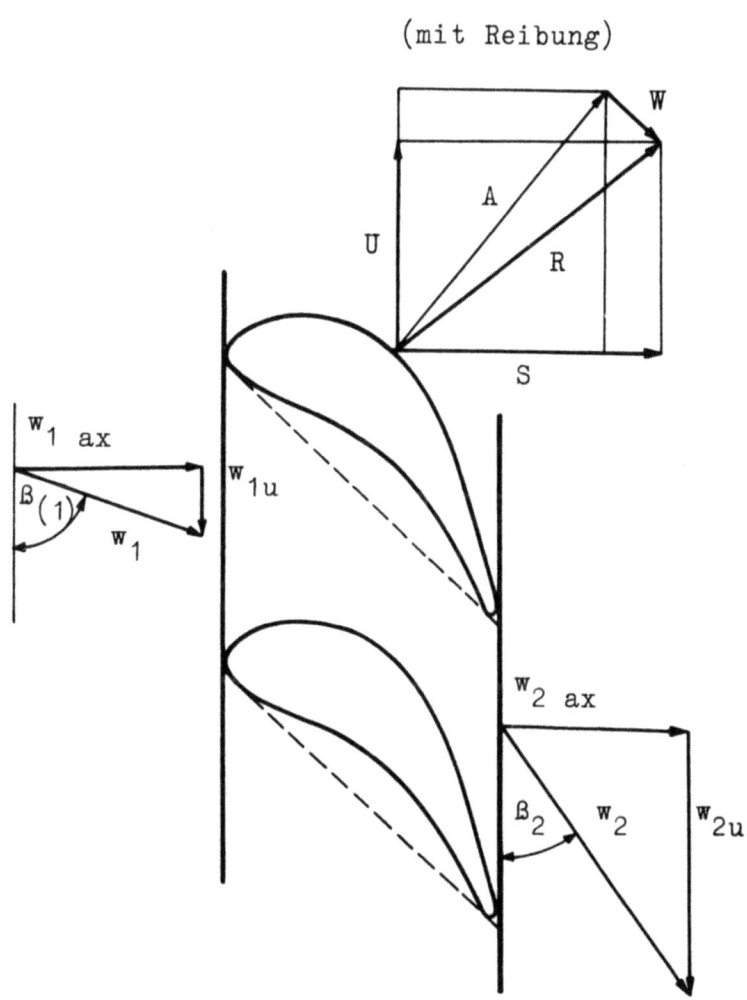

A b b i l d u n g 38

Geschwindigkeits- und Kräfteplan für die Strömung mit Reibung
durch ein ebenes Schaufelgitter

M. Zusammenfassung

Es wird über die Bedeutung der Messungen am ebenen Schaufelgitter und die heute bekannten Meßmethoden, sowie die bei der Untersuchung ebener Gitterströmungen auftretenden Probleme berichtet. Durch die Gegenüberstellung eines älteren und eines modernen Gitterprüfstandes wird auf die im Laufe der Jahre verfeinerte Versuchstechnik bei der Untersuchung von ebenen Schaufelgittern hingewiesen.

Weiterhin ist der erste Gitterprüfstand des Instituts für Turbomaschinen der Technischen Hochschule Aachen beschrieben, der vor allem Druckverteilungsmessungen zum Vergleich liefern sollte, die mit gleichen Gittern auch in einer Versuchsturbine an rotierenden Schaufelprofilen mit einer neu entwickelten Meßvorrichtung gemacht worden sind.

Darüberhinaus sind die am stehenden Gitterprüfstand an einem Gitter gewonnenen Ergebnisse hier ausgewertet worden, soweit die Meßgrößen hierfür bei der einfachen Versuchsanordnung gewonnen werden konnten. Es ist beabsichtigt, bei einem im Bau befindlichen verbesserten Prüfstand des Instituts zur Untersuchung stehender Gitter gewisse Mängel der bisherigen Versuchsanordnung durch verfeinerte Meßmethoden zu beseitigen.

Prof. Dr.-Ing. K. L E I S T
Dipl.-Ing. H. S C H E E L E
Dipl.-Ing. A. W I L L M S
Institut für Turbomaschinen der
Technischen Hochschule Aachen

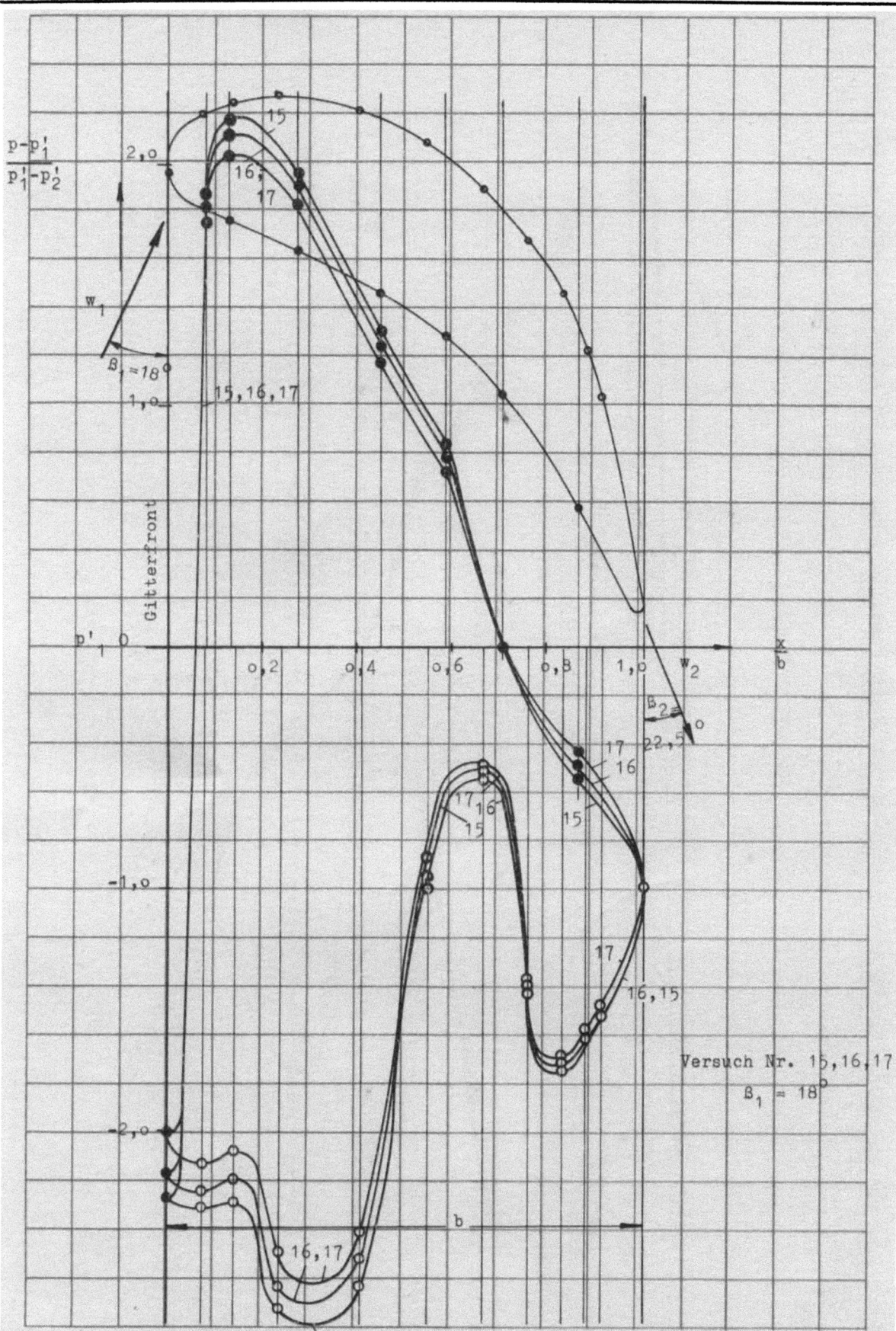

Abbildung 39
Ebenes Schaufelgitter $\frac{t}{l} = 0{,}79$ $\beta_s = 48°$
Druckverteilung zur Ermittlung der Umfangskraftbeiwerte c'_u

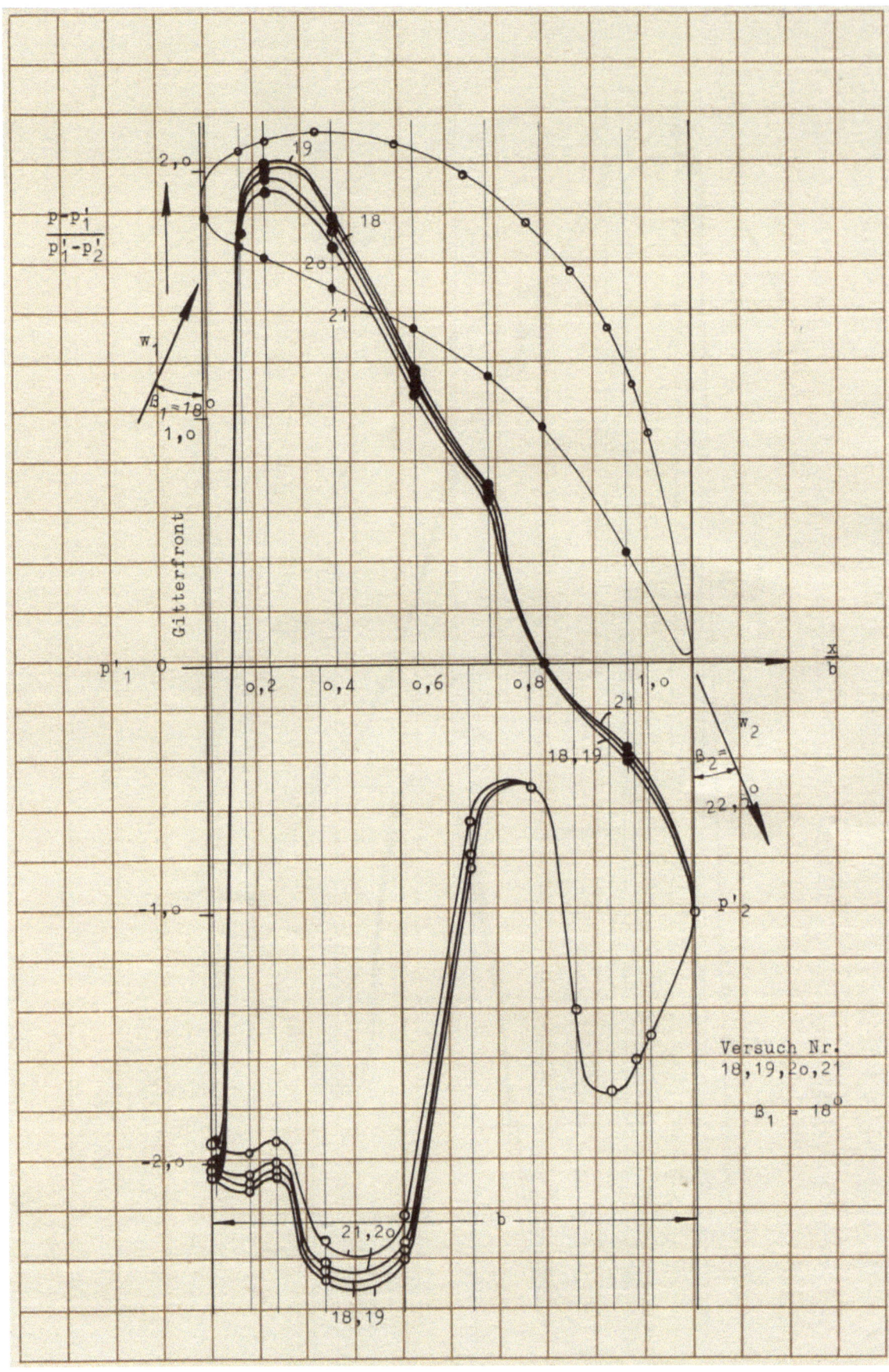

Abbildung 40
Ebenes Schaufelgitter $\frac{t}{l} = 0,79$ $\beta_s = 48°$
Druckverteilung zur Ermittlung der Umfangskraftbeiwerte c'_u

Forschungsberichte des Wirtschafts- und Verkehrsministeriums Nordrhein Westfalen

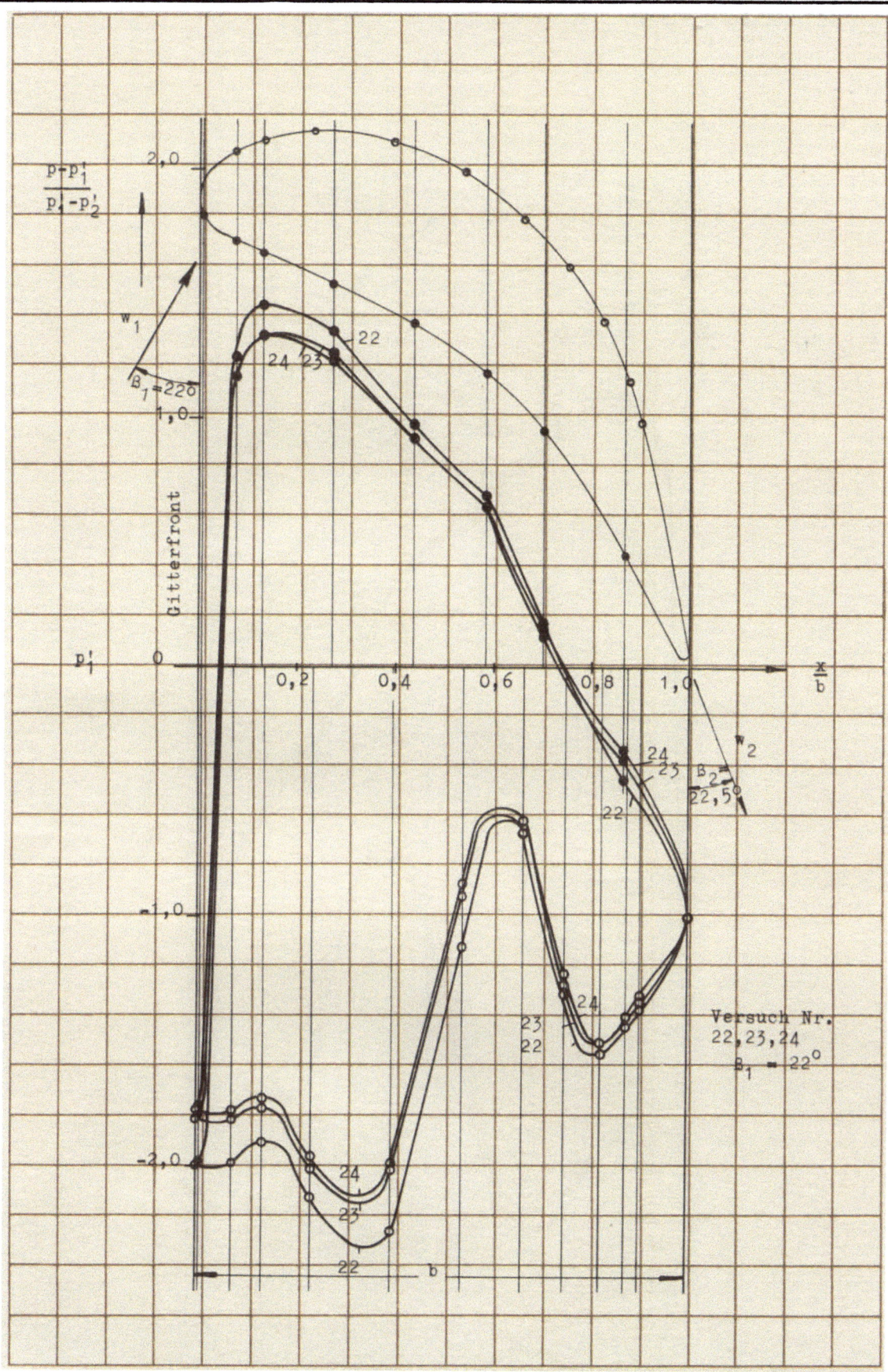

Abbildung 41
Ebenes Schaufelgitter $\frac{t}{l} = 0{,}79$ $\beta_s = 48°$
Druckverteilung zur Ermittlung der Umfangskraftbeiwerte c'_u

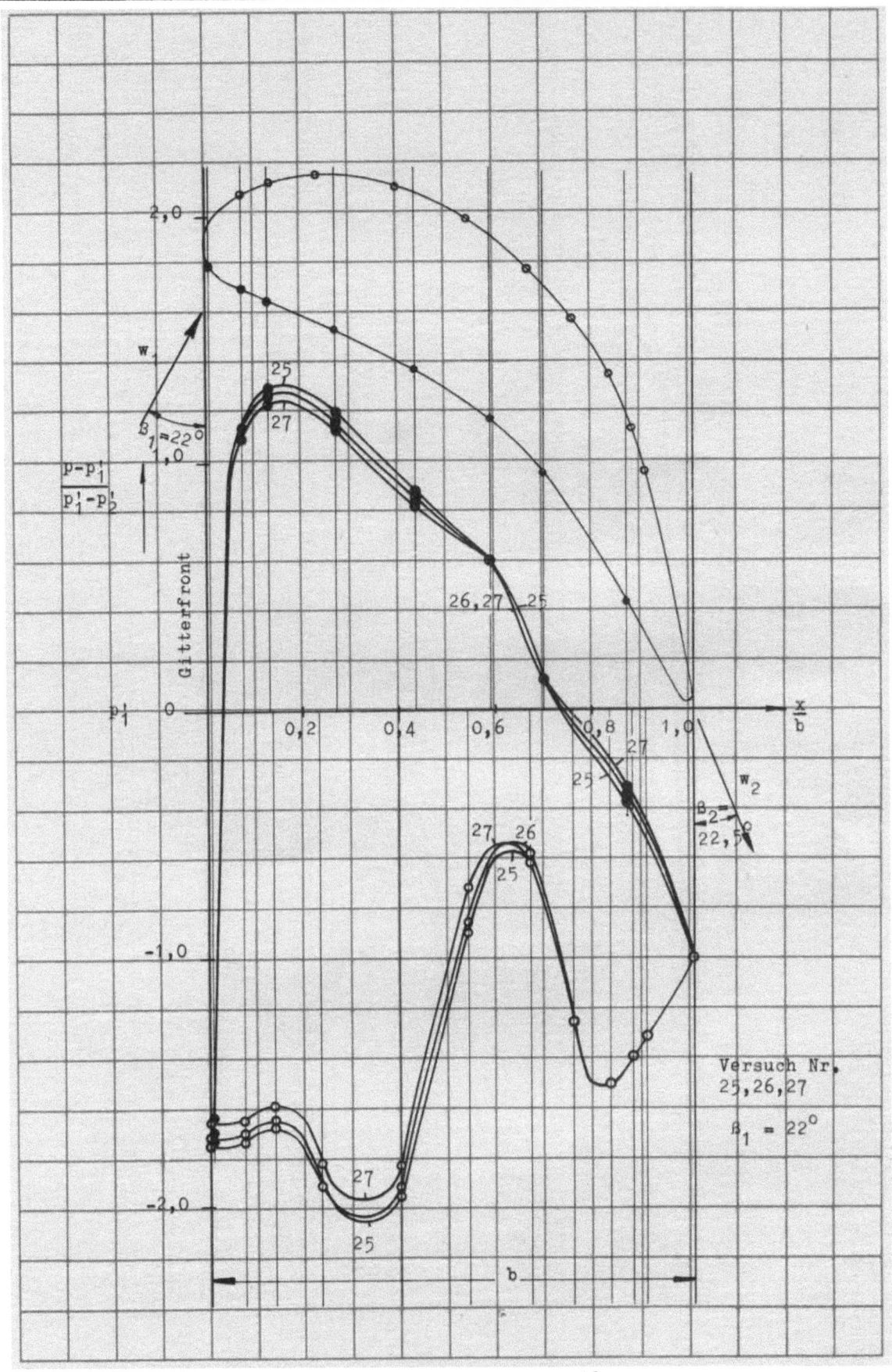

Abbildung 42

Ebenes Schaufelgitter $\frac{t}{l} = 0,79$ $\beta_s = 48°$

Druckverteilung zur Ermittlung der Umfangskraftbeiwerte c'_u

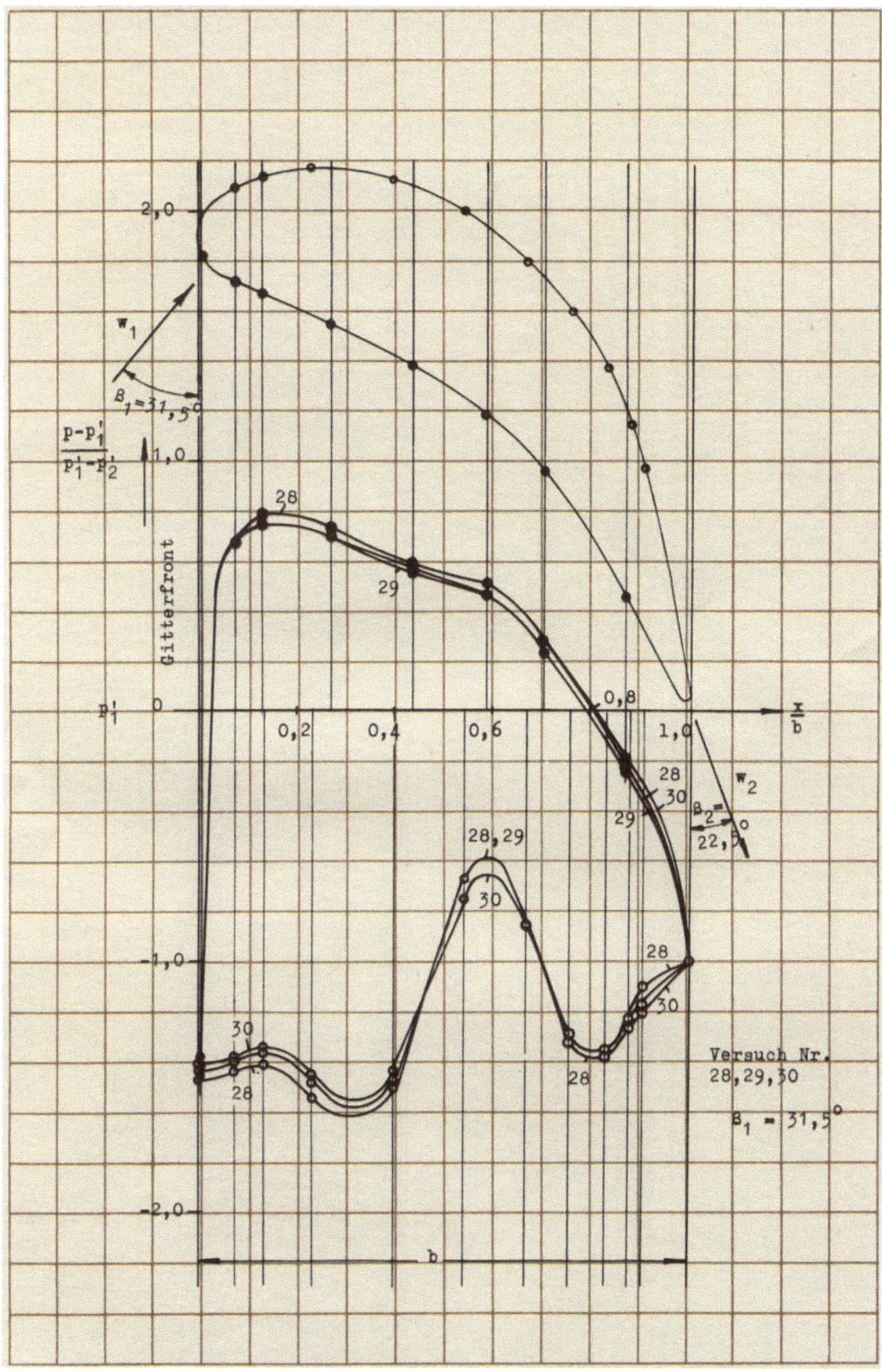

A b b i l d u n g 43
Ebenes Schaufelgitter $\frac{t}{l} = 0{,}79$ $\beta_s = 48°$
Druckverteilung zur Ermittlung der Umfangskraftbeiwerte c'_u

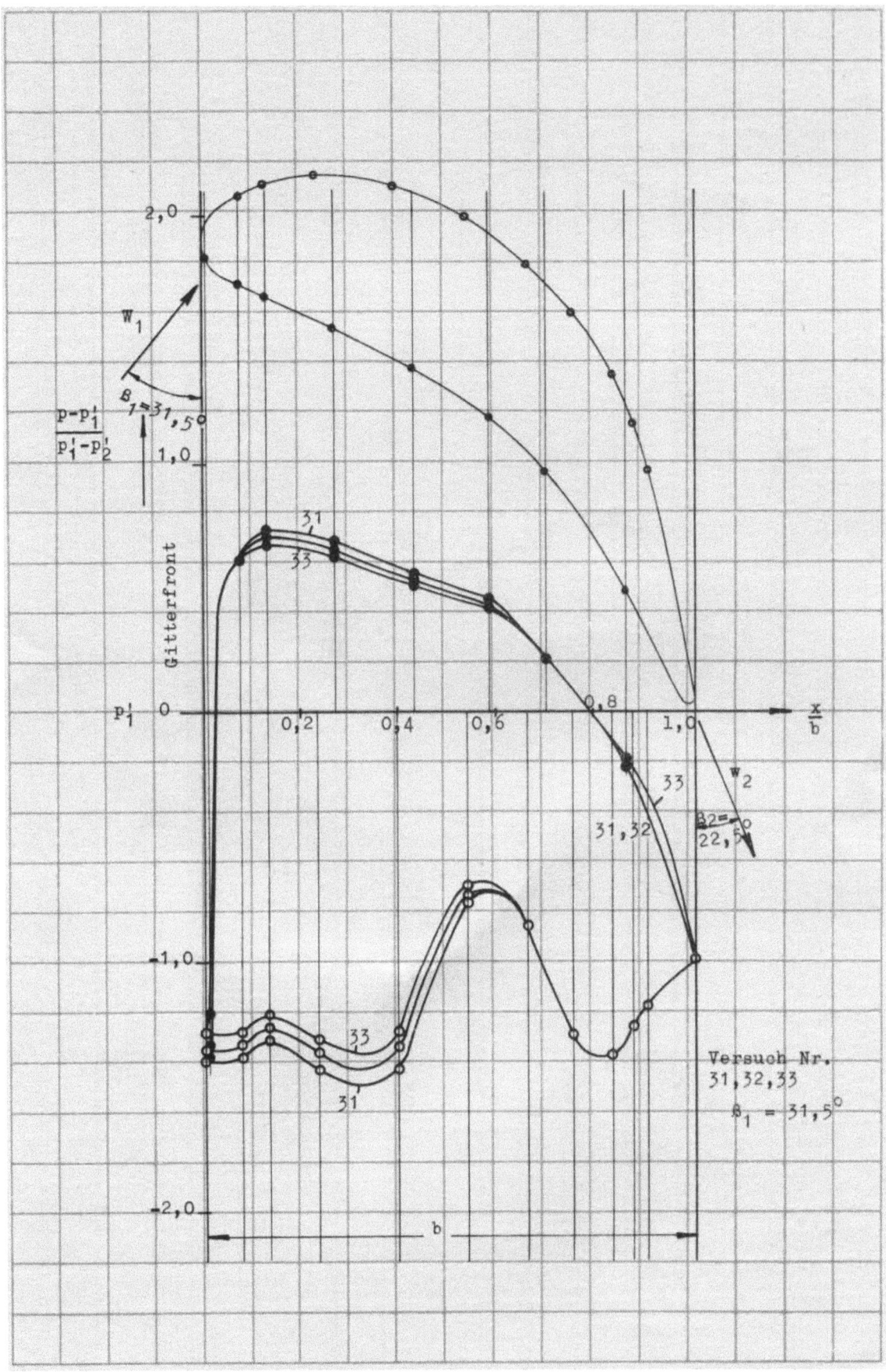

A b b i l d u n g 44
Ebenes Schaufelgitter $\frac{t}{l} = 0,79$ $\beta_s = 48°$
Druckverteilung zur Ermittlung der Umfangskraftbeiwerte c'_u

Forschungsberichte des Wirtschafts- und Verkehrsministeriums Nordrhein Westfalen

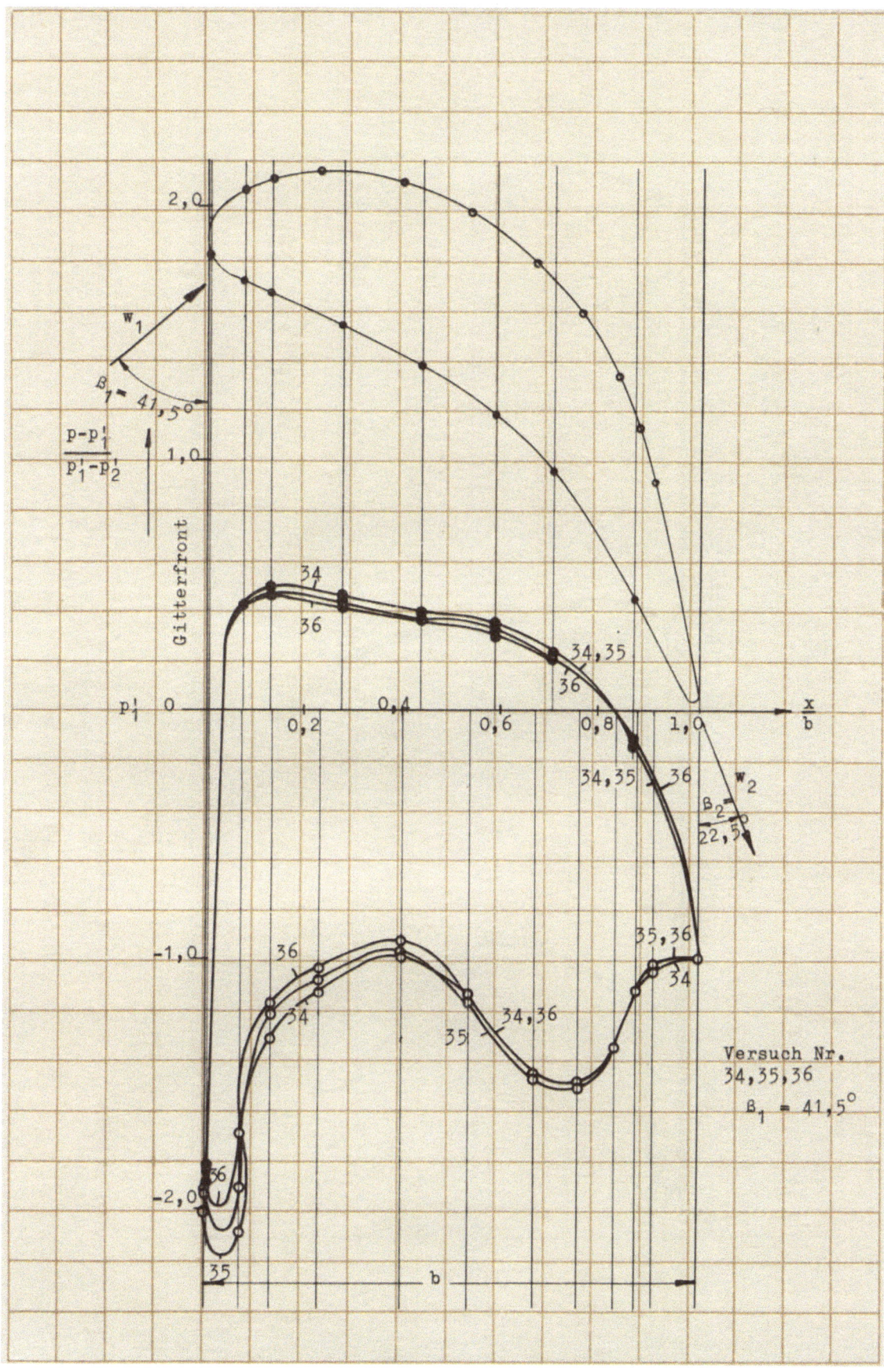

A b b i l d u n g 45
Ebenes Schaufelgitter $\frac{t}{l} = 0,79$ $\beta_s = 48°$
Druckverteilung zur Ermittlung der Umfangskraftbeiwerte c'_u

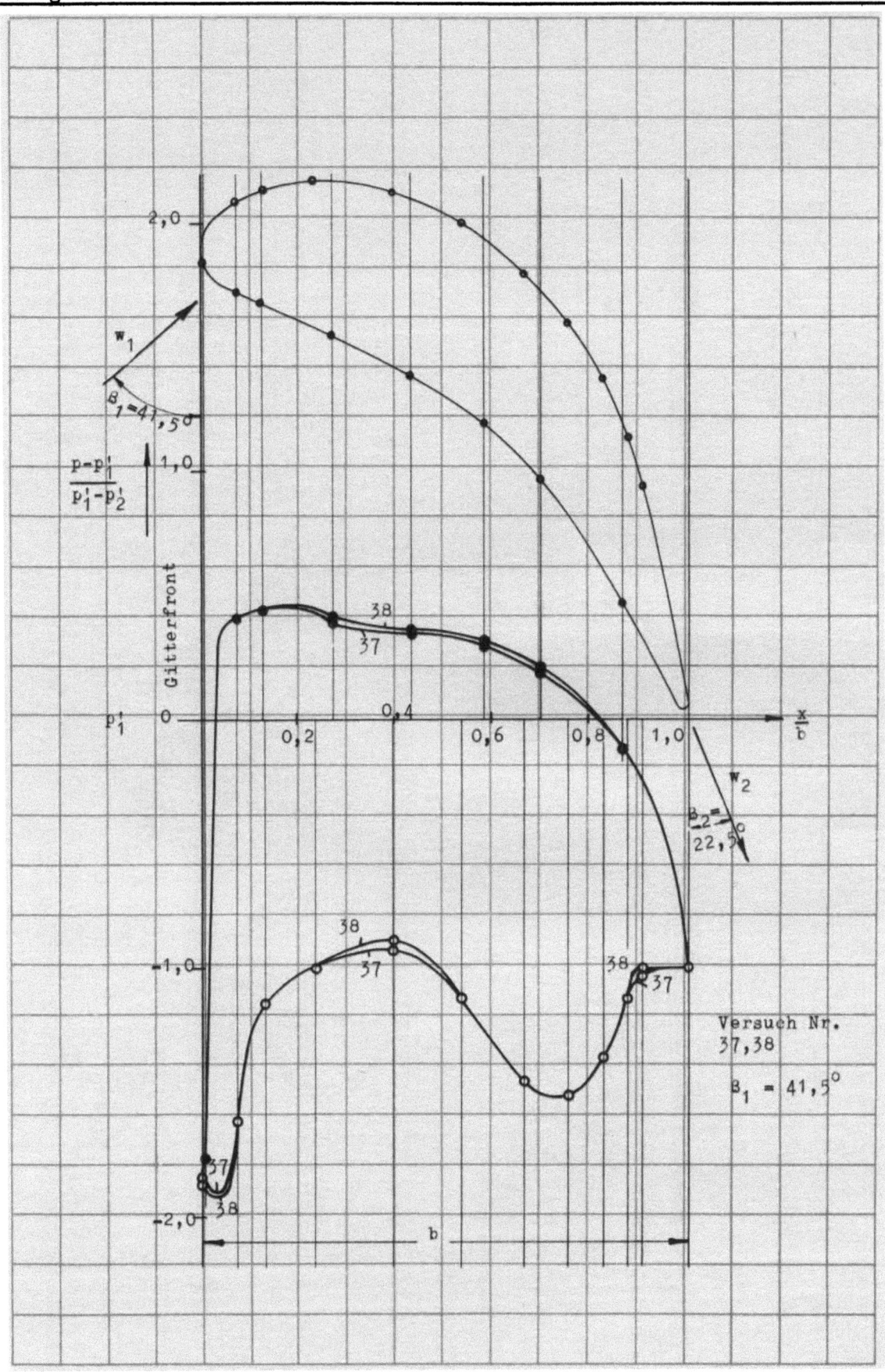

Abbildung 46
Ebenes Schaufelgitter $\frac{t}{l} = 0{,}79$ $\beta_s = 48°$
Druckverteilung zur Ermittlung der Umfangskraftbeiwerte c'_u

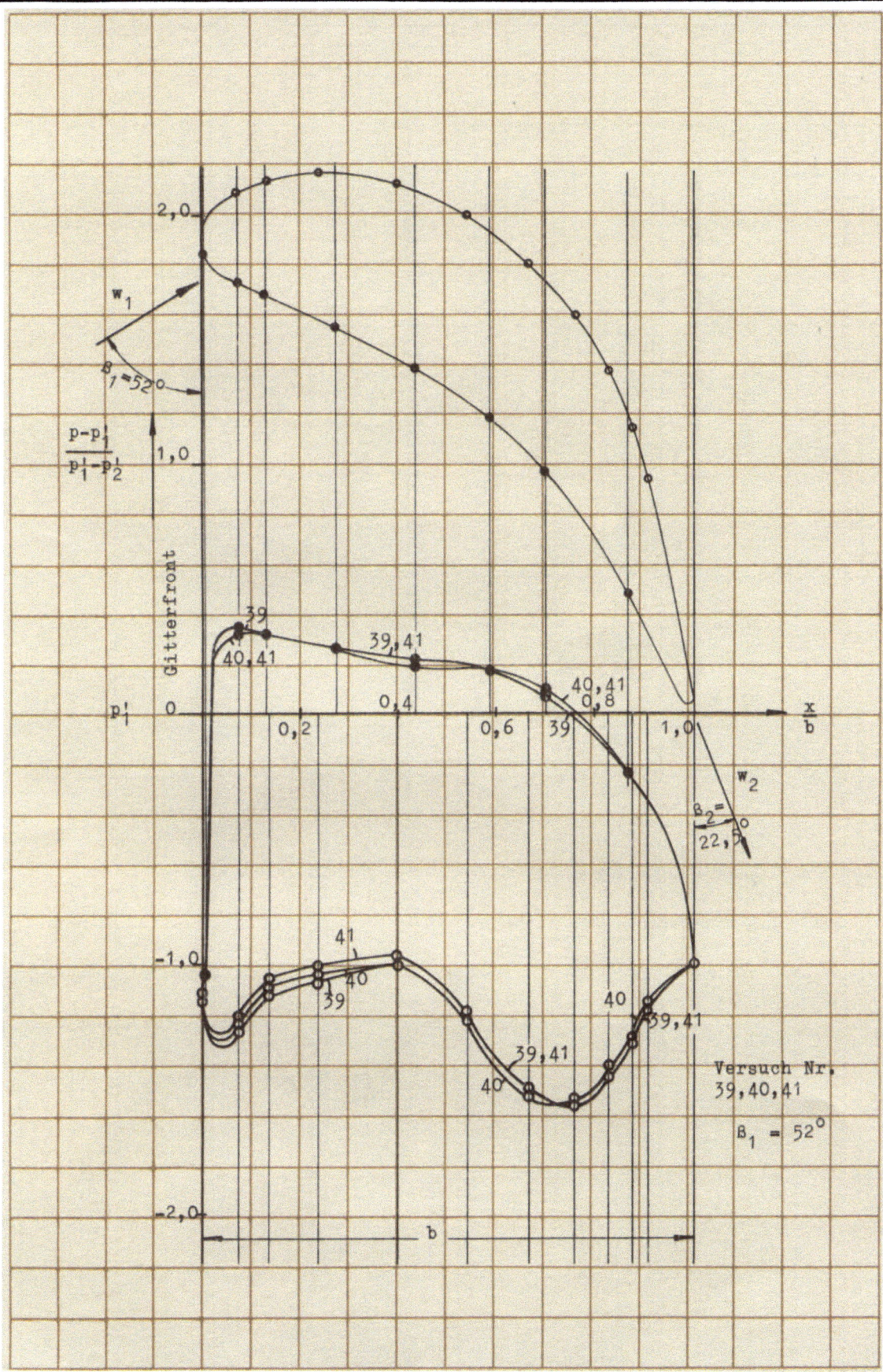

Abbildung 47
Ebenes Schaufelgitter $\frac{t}{l} = 0,79$ $\beta_s = 48°$
Druckverteilung zur Ermittlung der Umfangskraftbeiwerte c'_u

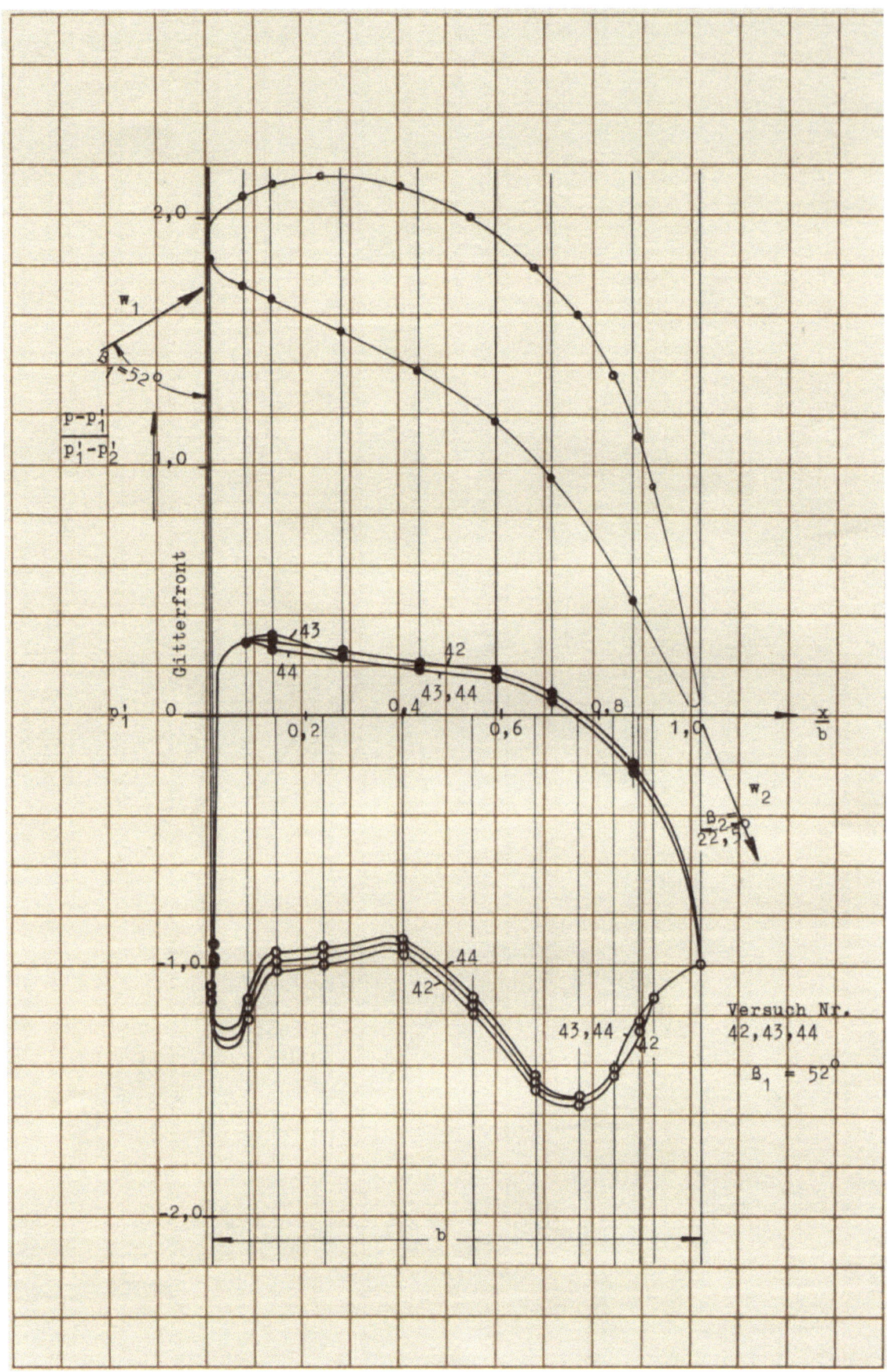

Abbildung 48
Ebenes Schaufelgitter $\frac{t}{l} = 0,79$ $\beta_s = 48°$
Druckverteilung zur Ermittlung der Umfangskraftbeiwerte c'_u

Forschungsberichte des Wirtschafts- und Verkehrsministeriums Nordrhein Westfalen

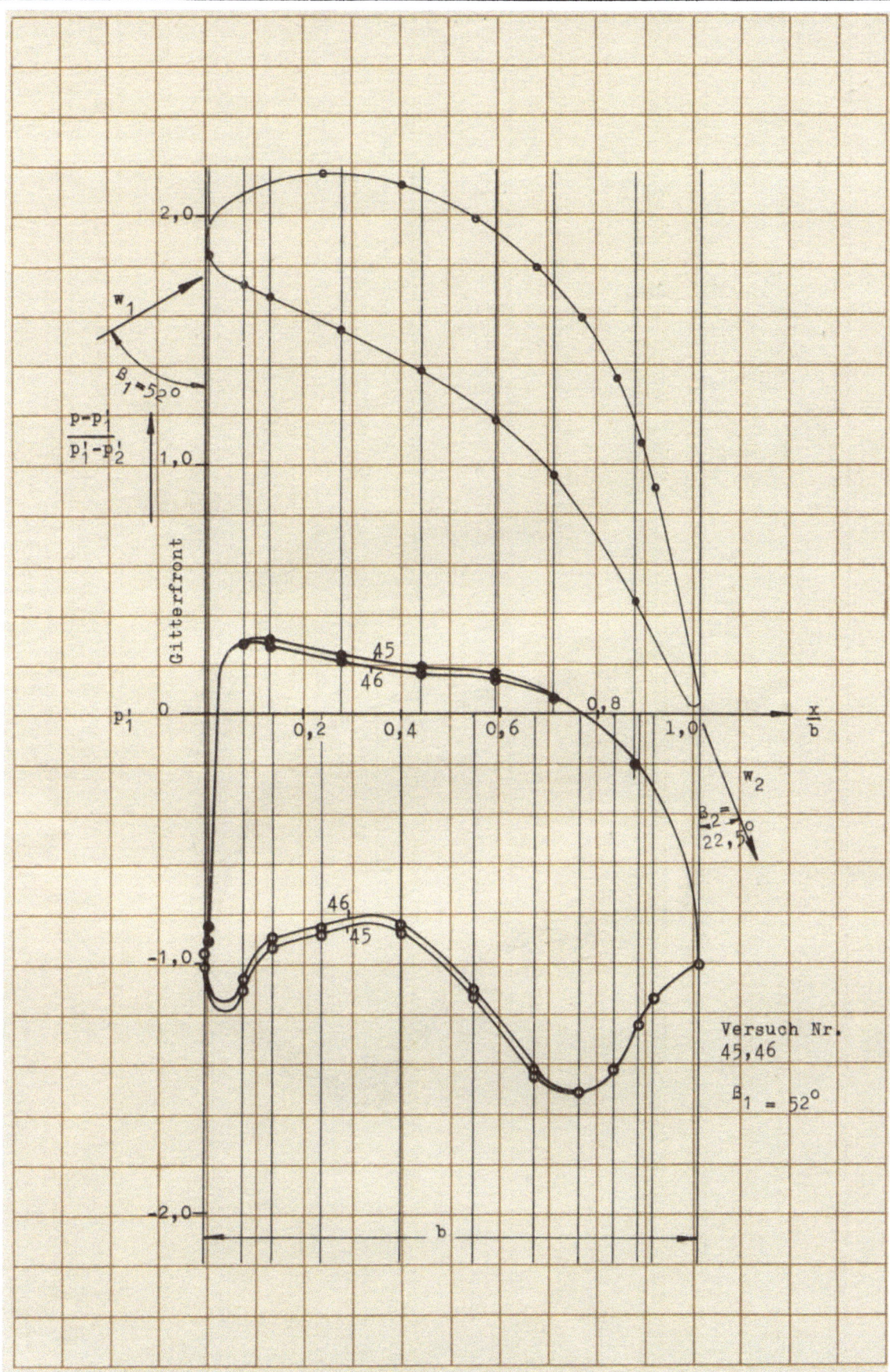

Abbildung 49
Ebenes Schaufelgitter $\frac{t}{l} = 0{,}79$ $\beta_s = 48°$
Druckverteilung zur Ermittlung der Umfangskraftbeiwerte c'_u

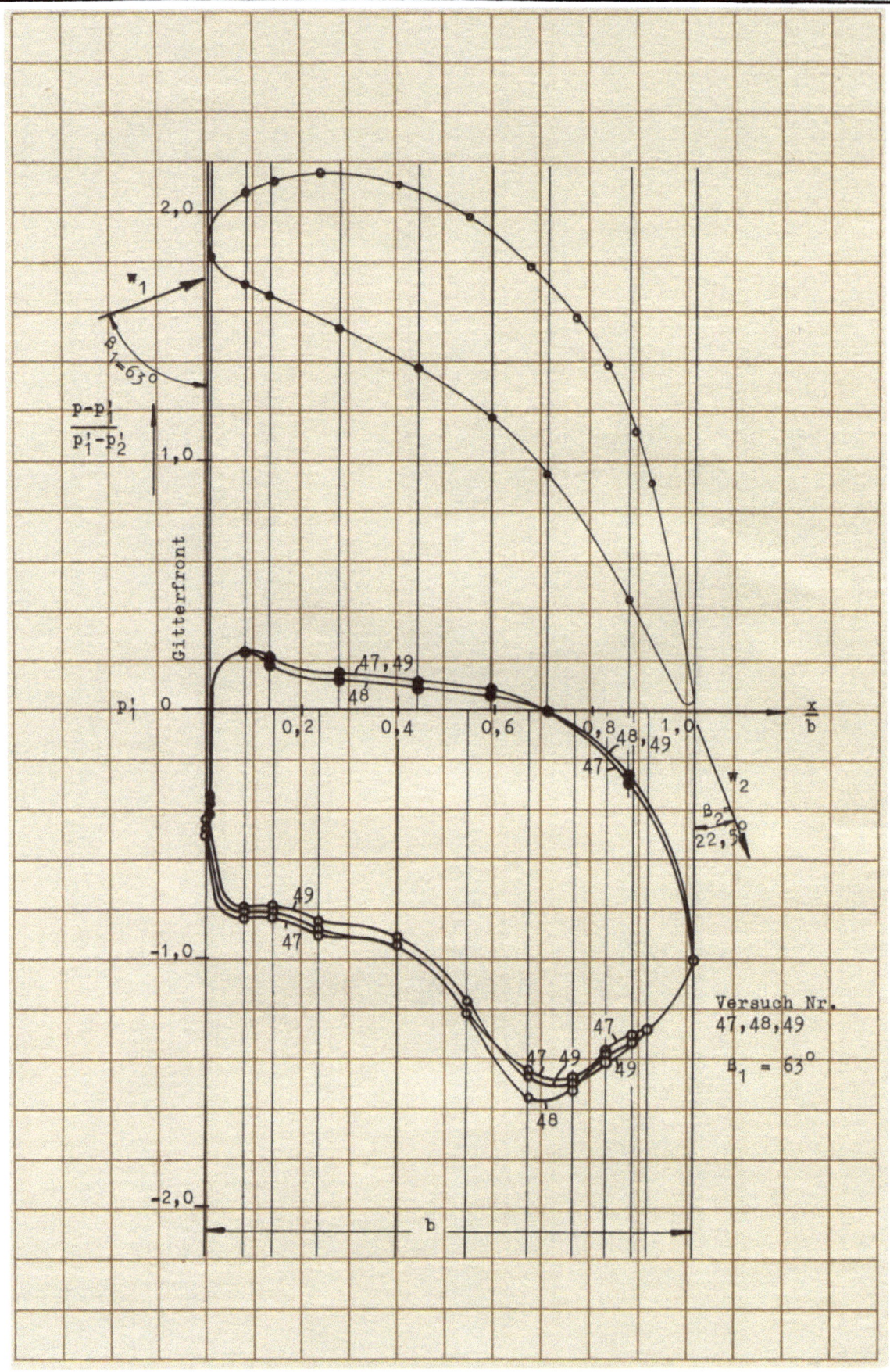

Abbildung 50
Ebenes Schaufelgitter $\frac{t}{l} = 0,79$ $\beta_s = 48°$
Druckverteilung zur Ermittlung der Umfangskraftbeiwerte c'_u

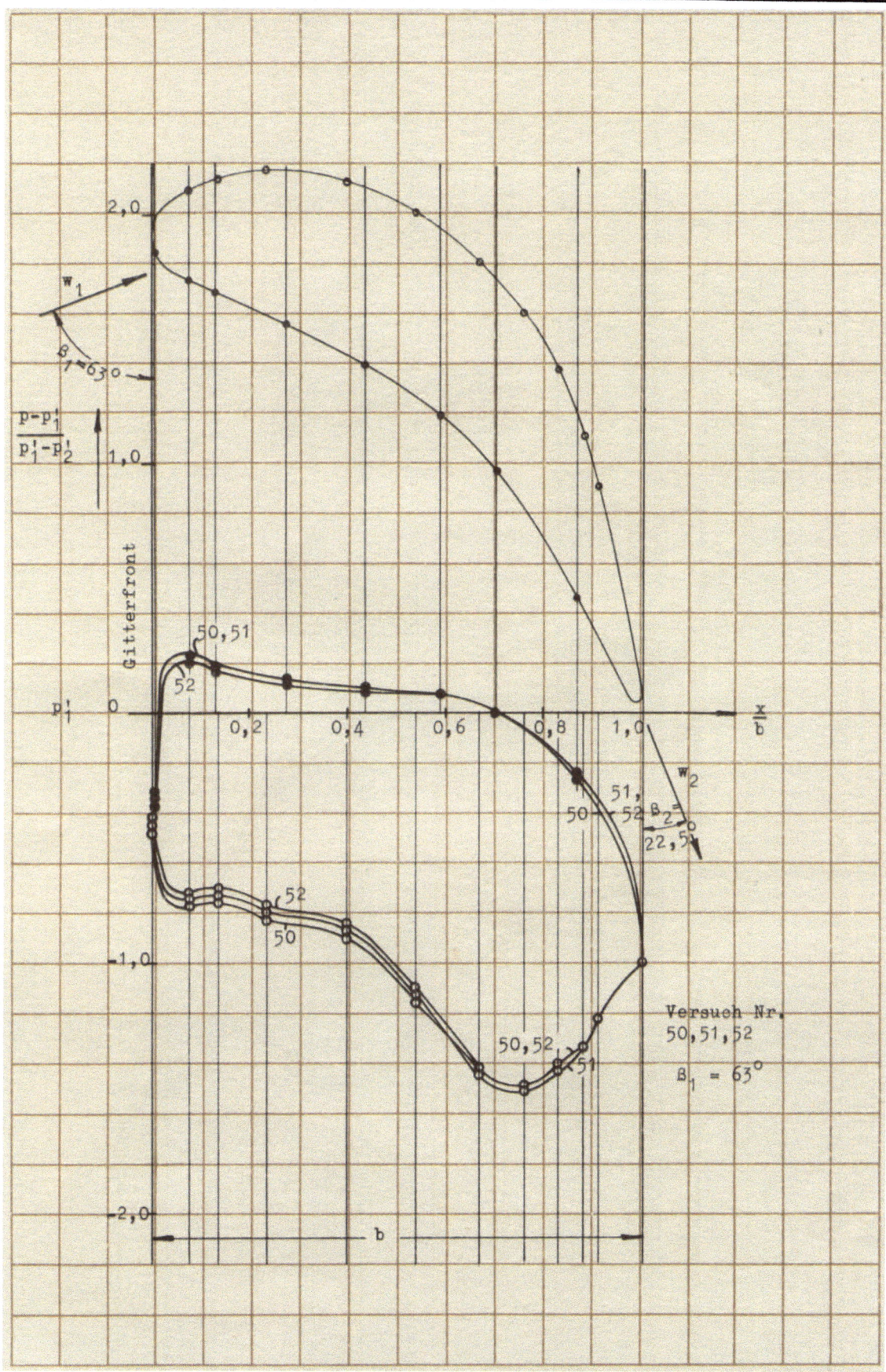

Abbildung 51
Ebenes Schaufelgitter $\frac{t}{l} = 0{,}79$ $\beta_s = 48°$
Druckverteilung zur Ermittlung der Umfangskraftbeiwerte c'_u

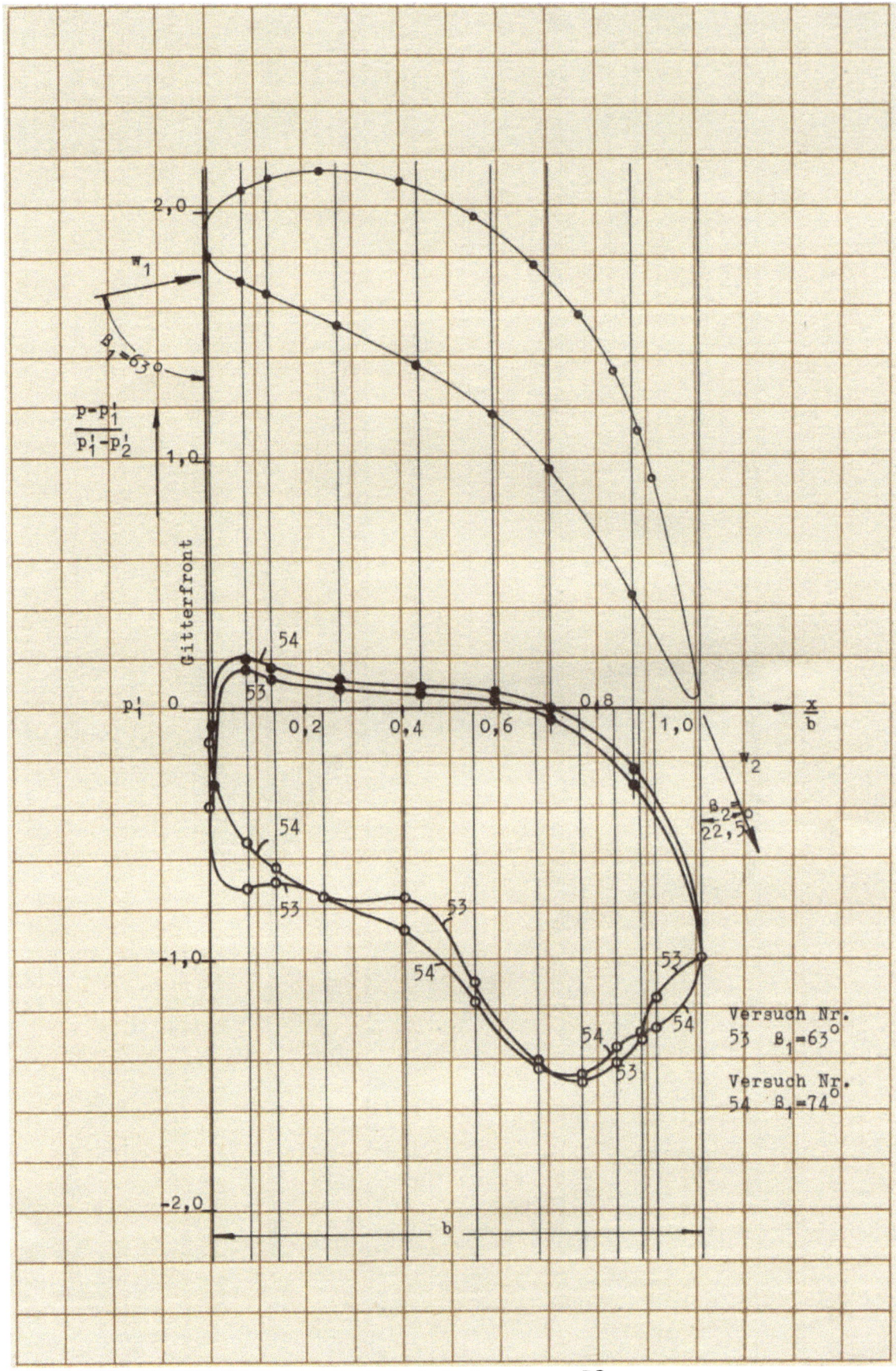

Abbildung 52
Ebenes Schaufelgitter $\frac{t}{l} = 0{,}79$ $\beta_s = 48°$
Druckverteilung zur Ermittlung der Umfangskraftbeiwerte c'_u

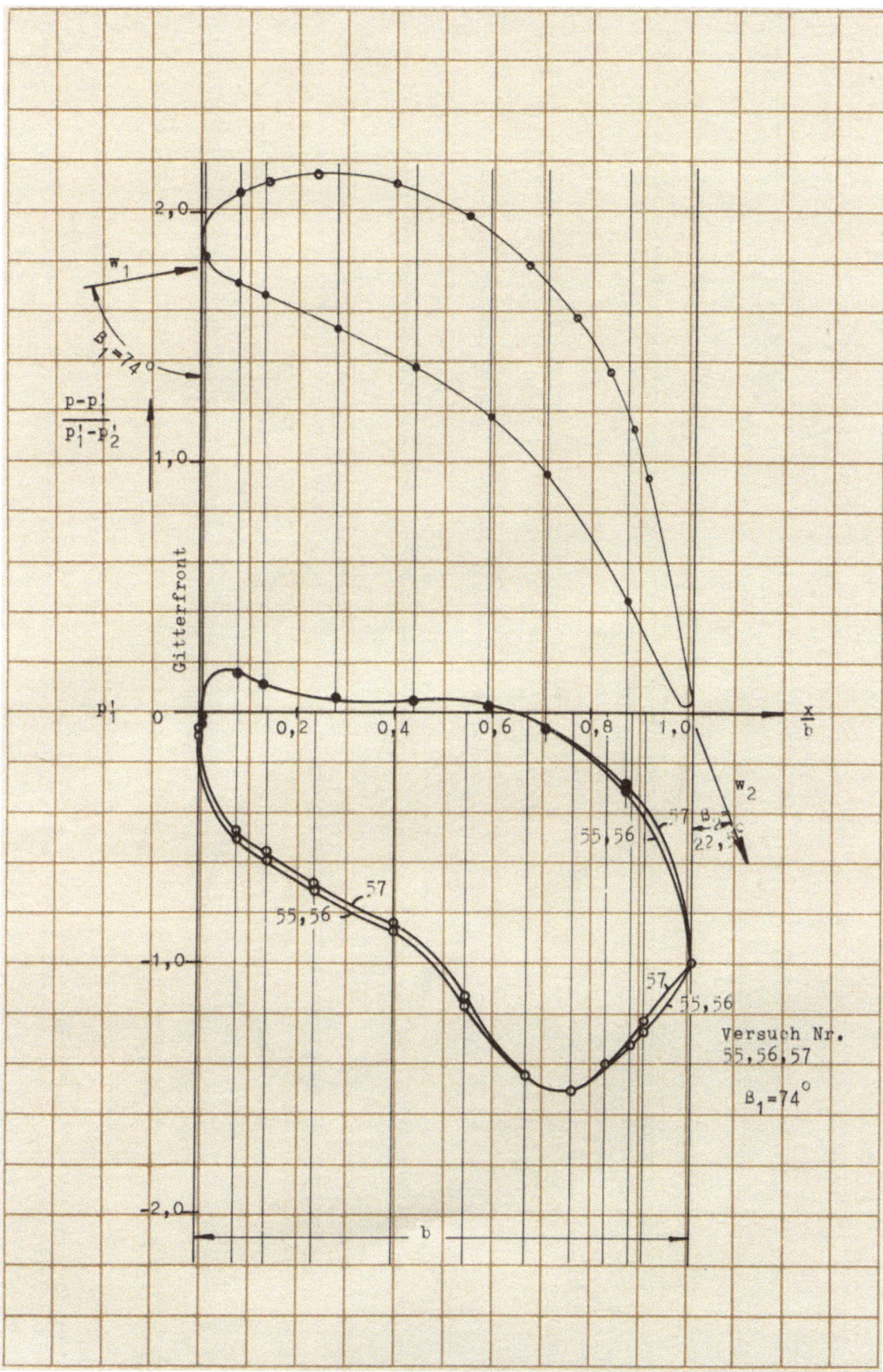

Abbildung 53
Ebenes Schaufelgitter $\frac{t}{l} = 0{,}79$ $\beta_s = 48°$
Druckverteilung zur Ermittlung der Umfangskraftbeiwerte c'_u

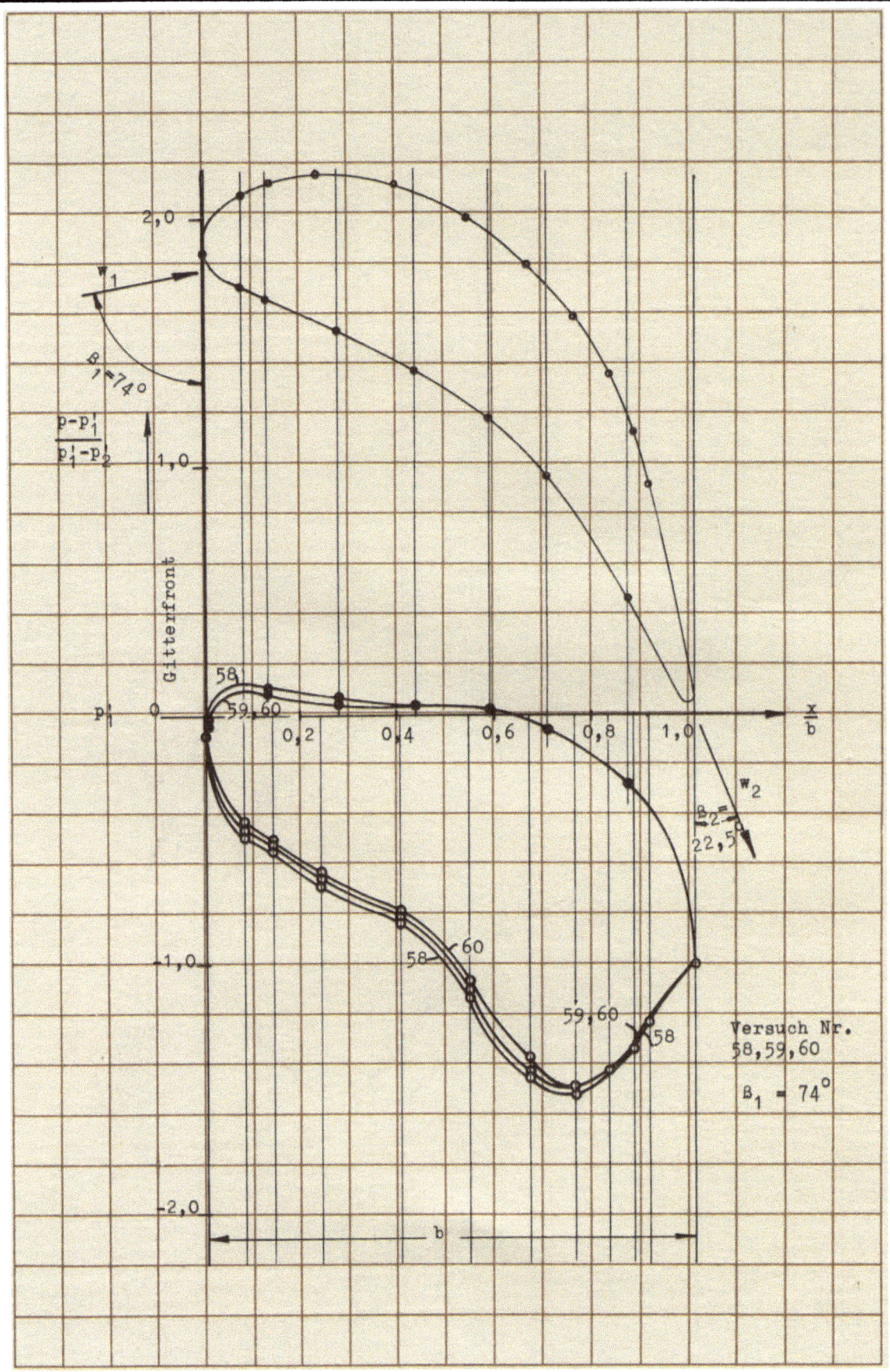

Abbildung 54

Ebenes Schaufelgitter $\frac{t}{l} = 0,79$ $\beta_s = 48°$

Druckverteilung zur Ermittlung der Umfangskraftbeiwerte c'_u

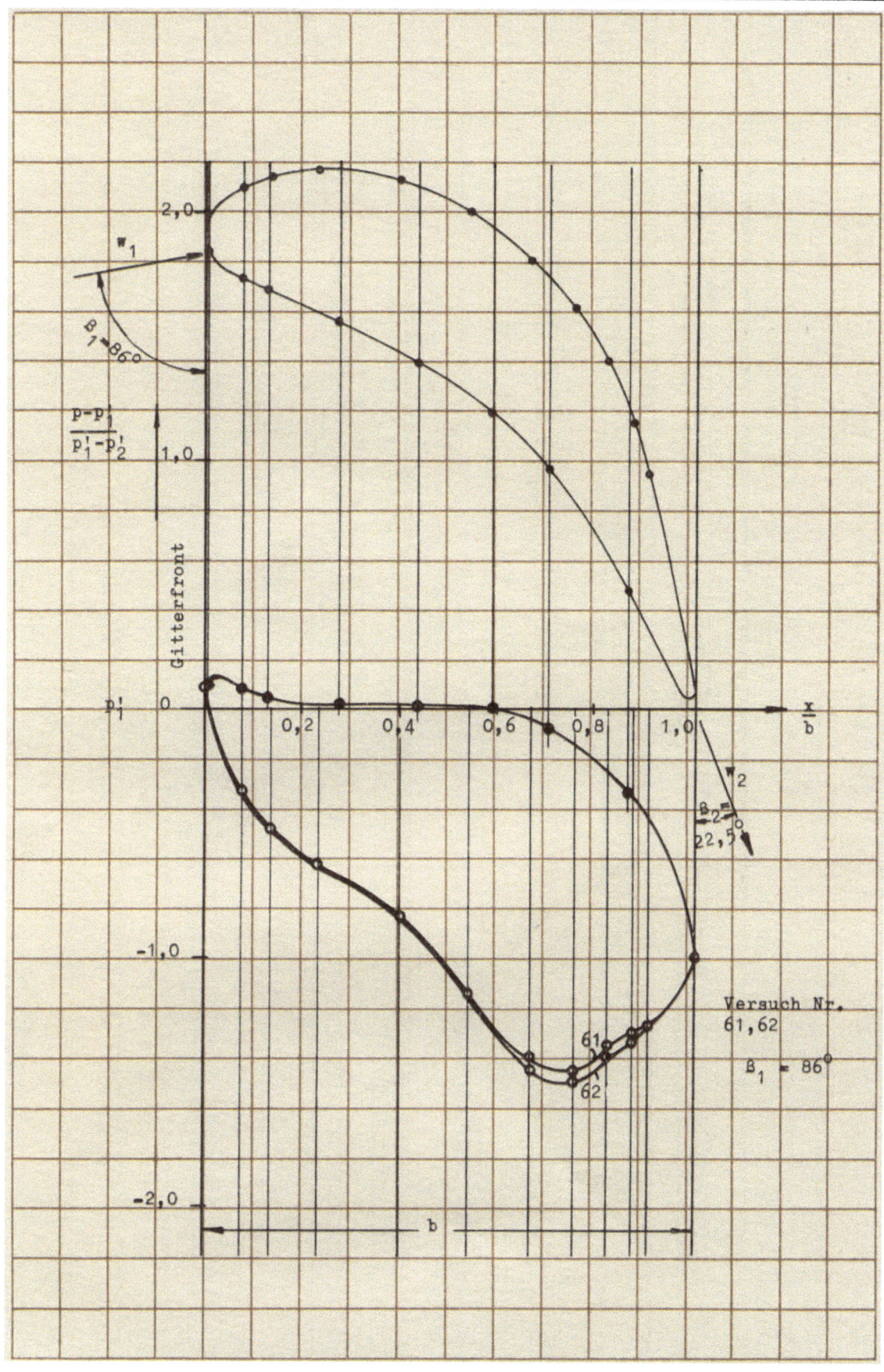

Abbildung 55
Ebenes Schaufelgitter $\frac{t}{l} = 0{,}79$ $\beta_s = 48°$
Druckverteilung zur Ermittlung der Umfangskraftbeiwerte c'_u

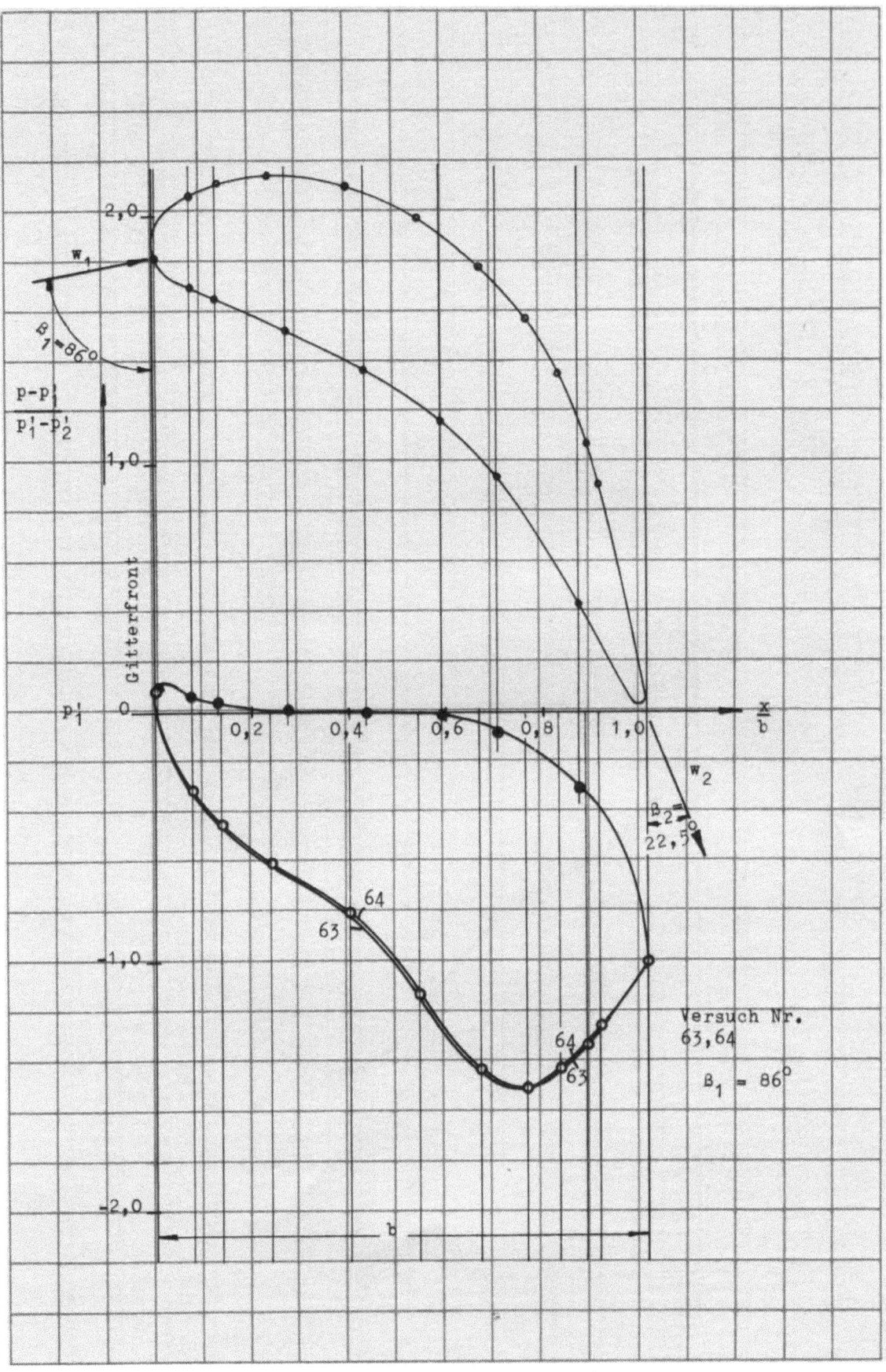

Abbildung 56
Ebenes Schaufelgitter $\frac{t}{l} = 0,79$ $\beta_s = 48°$
Druckverteilung zur Ermittlung der Umfangskraftbeiwerte c'_u

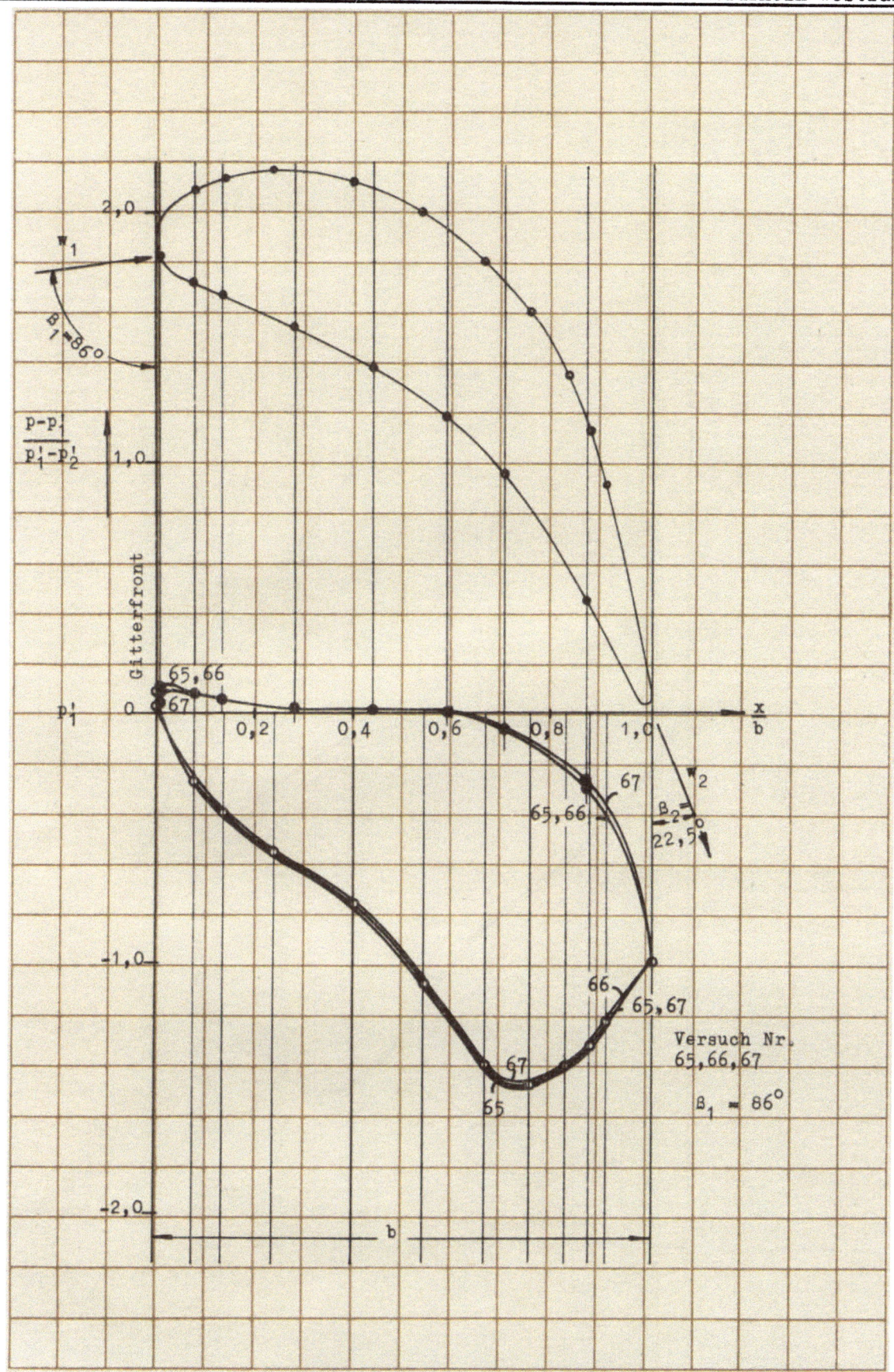

Abbildung 57
Ebenes Schaufelgitter $\frac{t}{l} = 0{,}79$ $\beta_s = 48°$
Druckverteilung zur Ermittlung der Umfangskraftbeiwerte c'_u

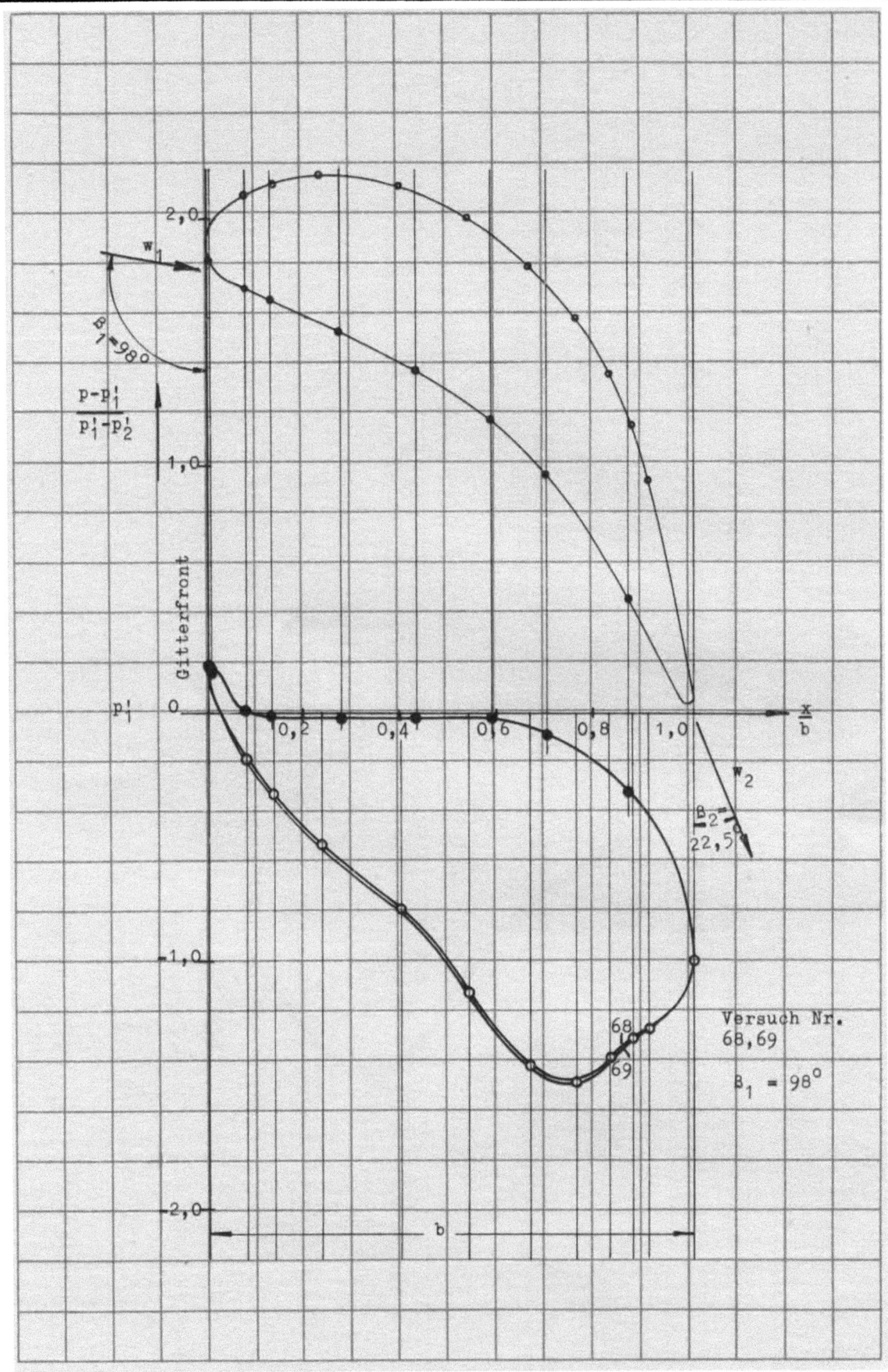

Abbildung 58
Ebenes Schaufelgitter $\frac{t}{l} = 0{,}79$ $\beta_s = 48°$
Druckverteilung zur Ermittlung der Umfangskraftbeiwerte c'_u

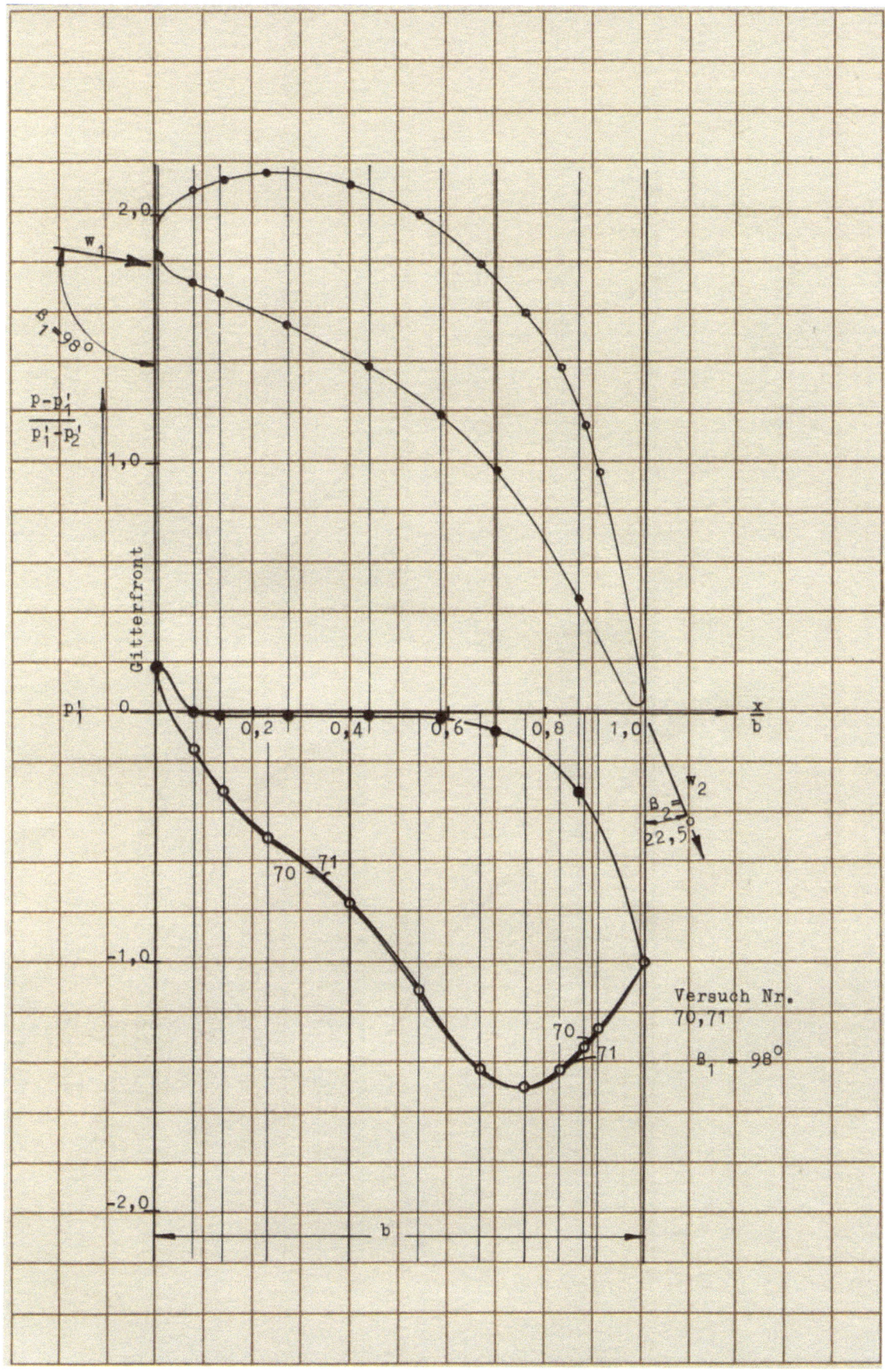

Abbildung 59
Ebenes Schaufelgitter $\frac{t}{l} = 0,79$ $\beta_s = 48°$
Druckverteilung zur Ermittlung der Umfangskraftbeiwerte c'_u

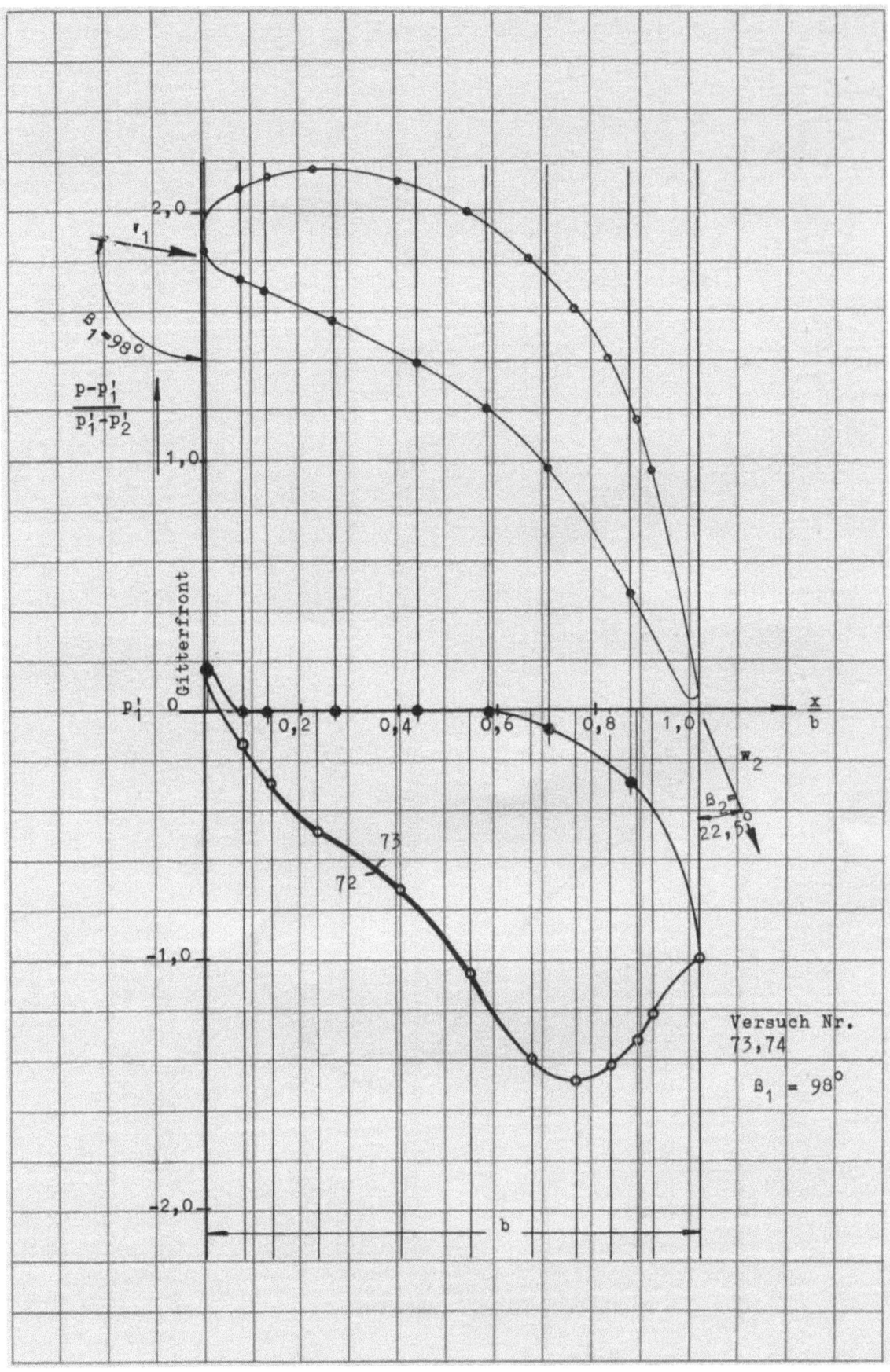

Abbildung 60

Ebenes Schaufelgitter $\frac{t}{l} = 0{,}79$ $\beta_s = 48°$

Druckverteilung zur Ermittlung der Umfangskraftbeiwerte c'_u

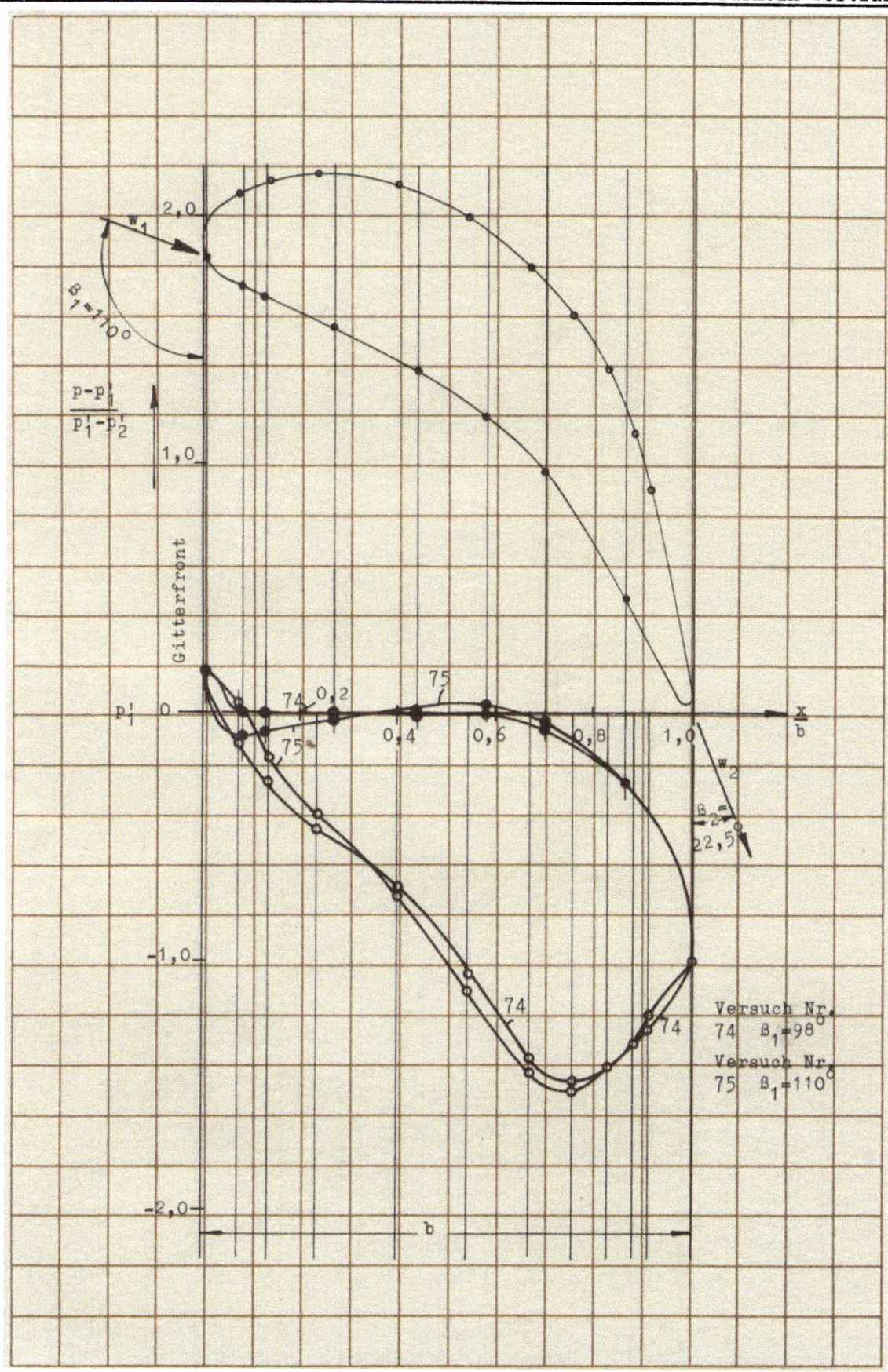

Abbildung 61
Ebenes Schaufelgitter $\frac{t}{l} = 0{,}79$ $\beta_s = 48°$
Druckverteilung zur Ermittlung der Umfangskraftbeiwerte c'_u

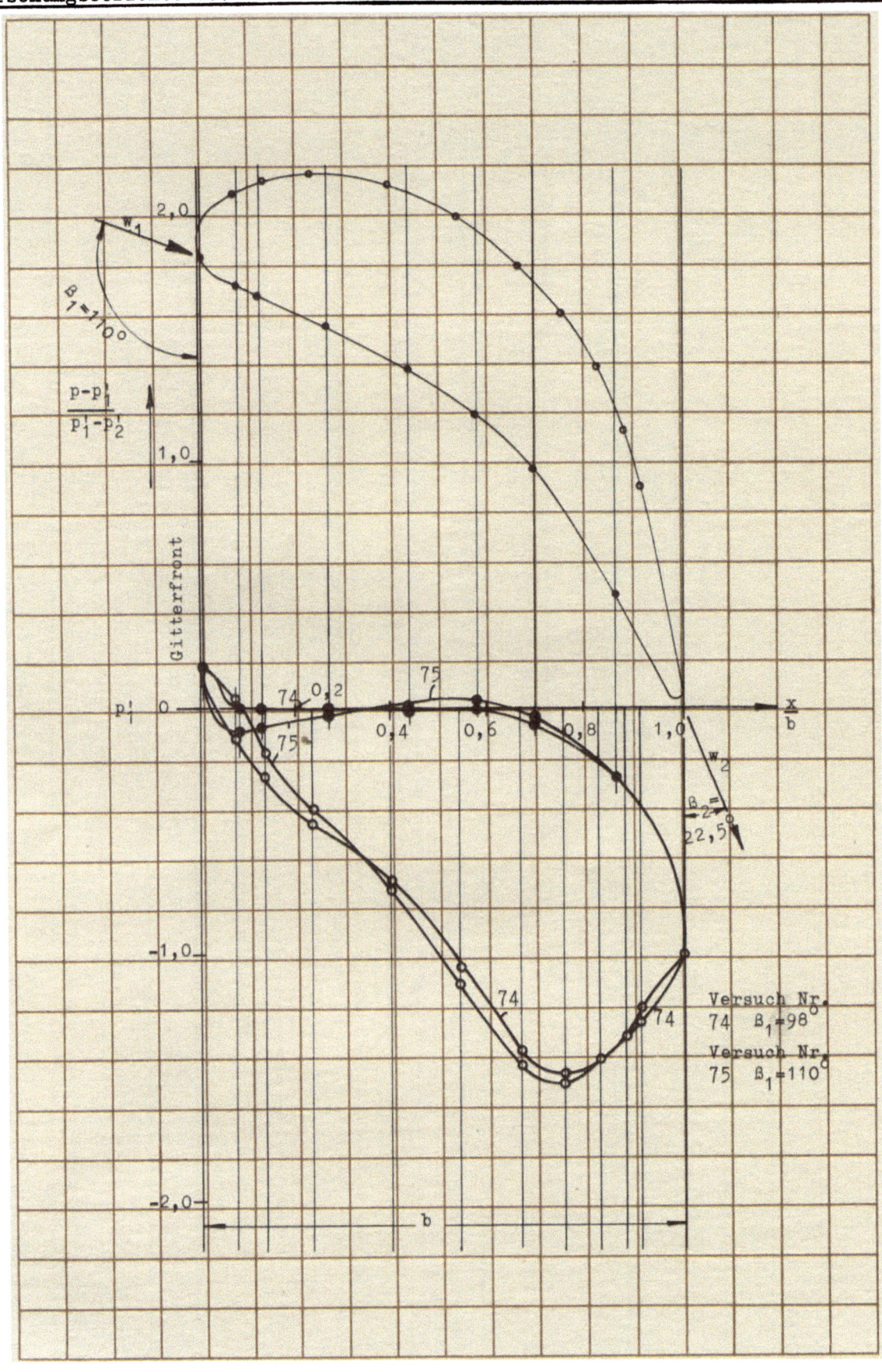

Abbildung 62
Ebenes Schaufelgitter $\frac{t}{l} = 0,79$ $\beta_s = 48°$
Druckverteilung zur Ermittlung der Umfangskraftbeiwerte c'_u

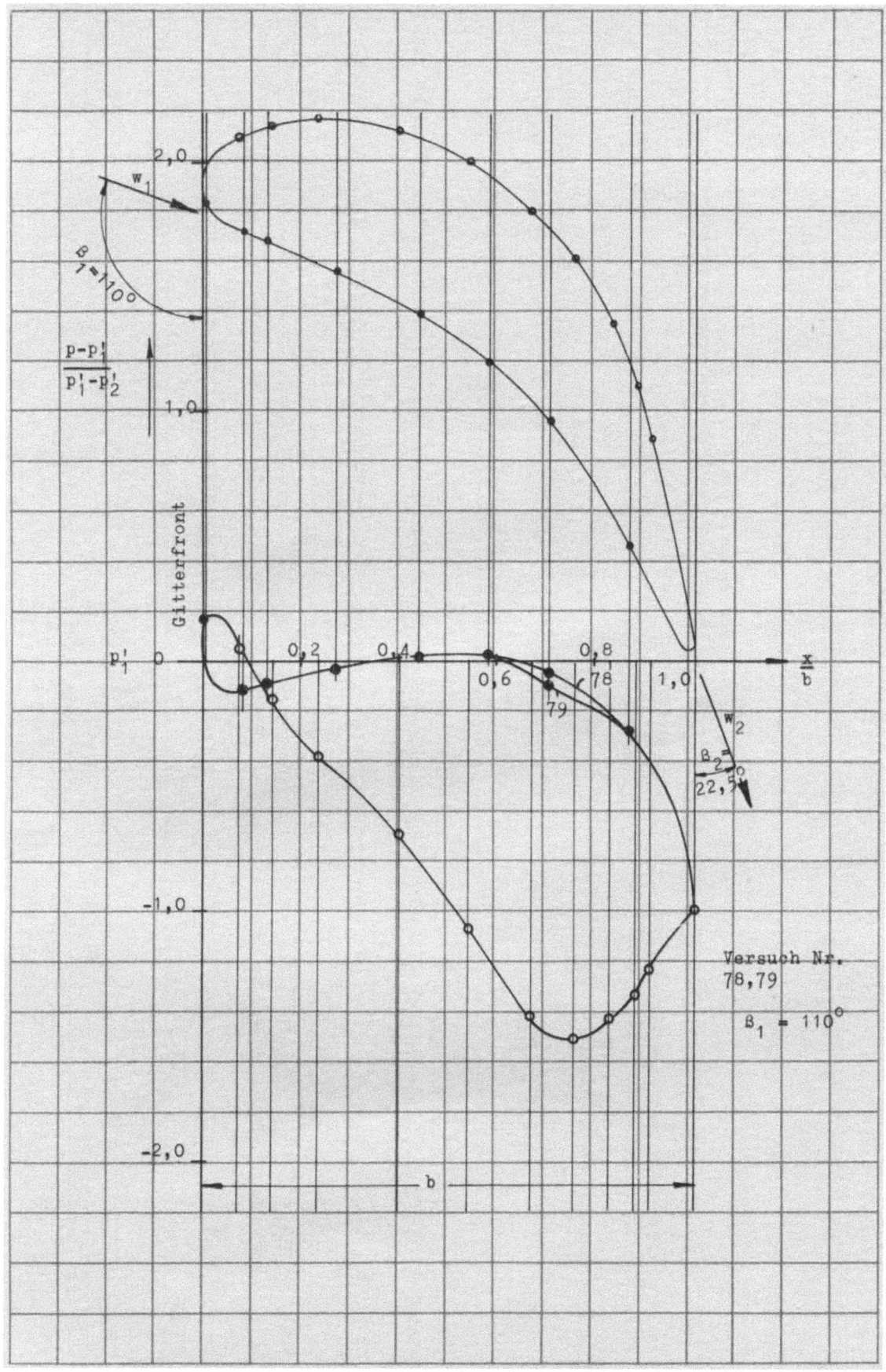

Abbildung 63

Ebenes Schaufelgitter $\frac{t}{l} = 0{,}79$ $\beta_s = 48°$

Druckverteilung zur Ermittlung der Umfangskraftbeiwerte c'_u

Forschungsberichte des Wirtschafts- und Verkehrsministeriums Nordrhein Westfalen

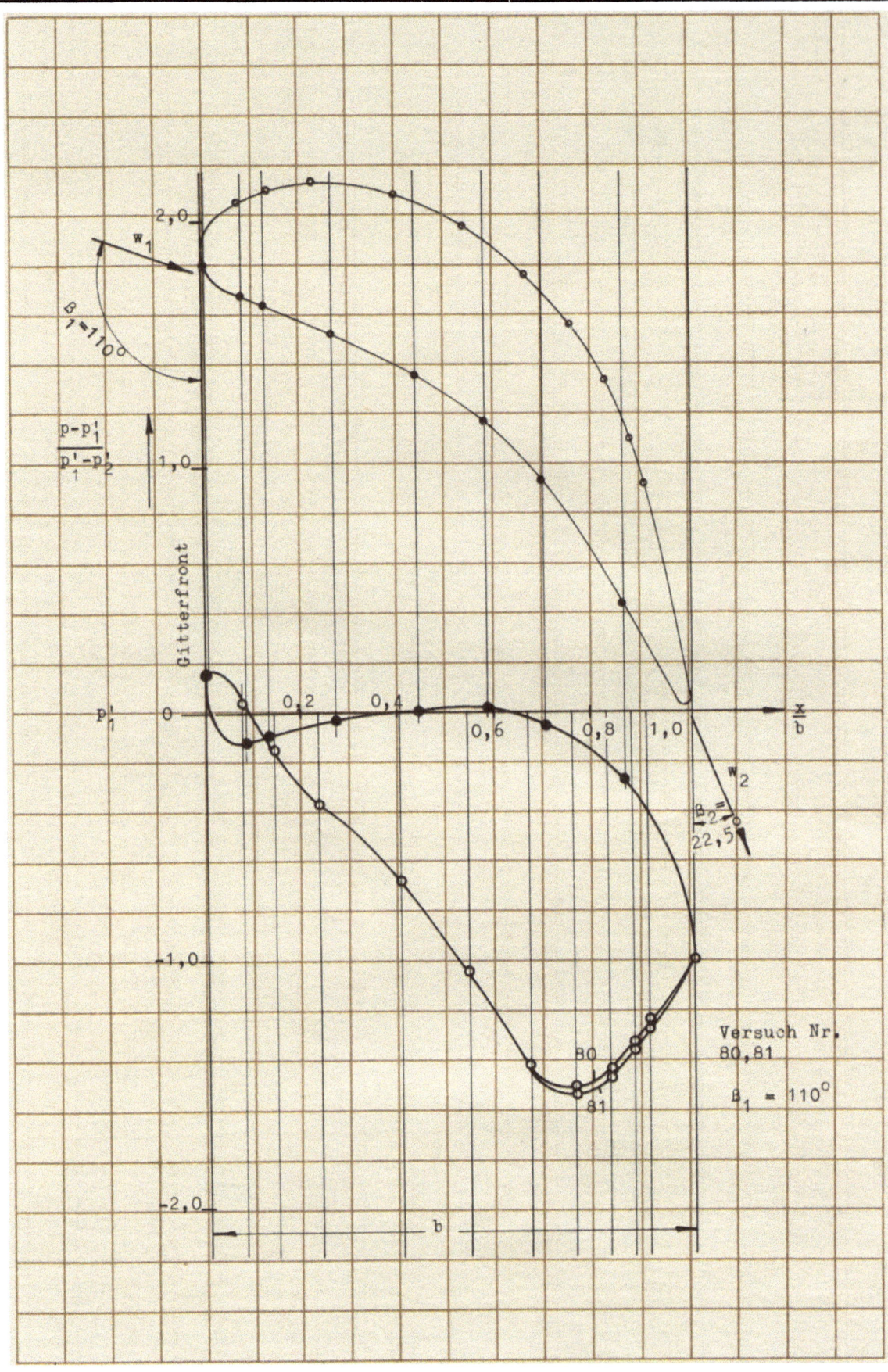

Abbildung 64
Ebenes Schaufelgitter $\frac{t}{l} = 0{,}79$ $ß_s = 48°$
Druckverteilung zur Ermittlung der Umfangskraftbeiwerte c'_u

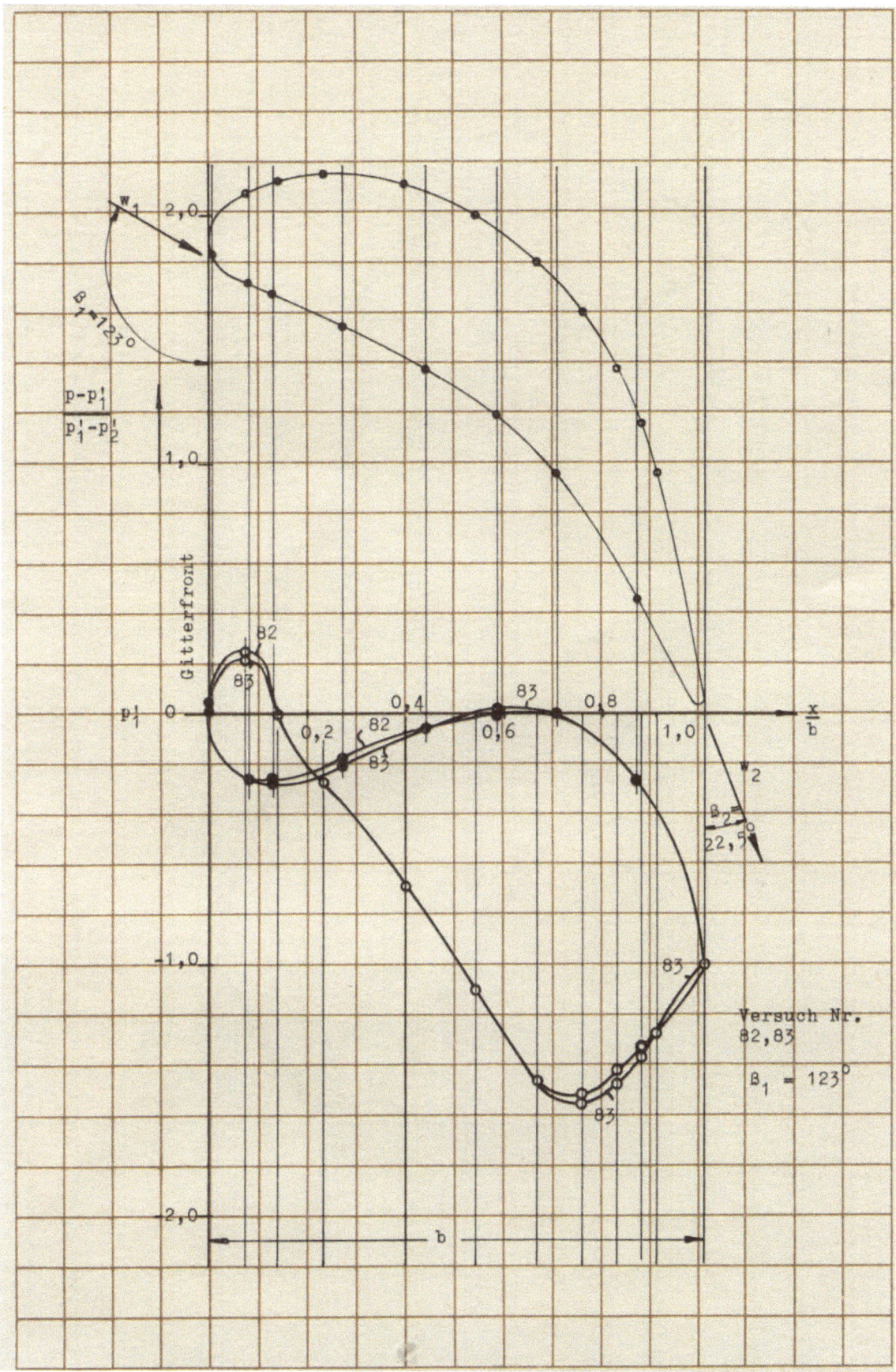

Abbildung 65
Ebenes Schaufelgitter $\frac{t}{l} = 0,79$ $\beta_s = 48°$
Druckverteilung zur Ermittlung der Umfangskraftbeiwerte c'_u

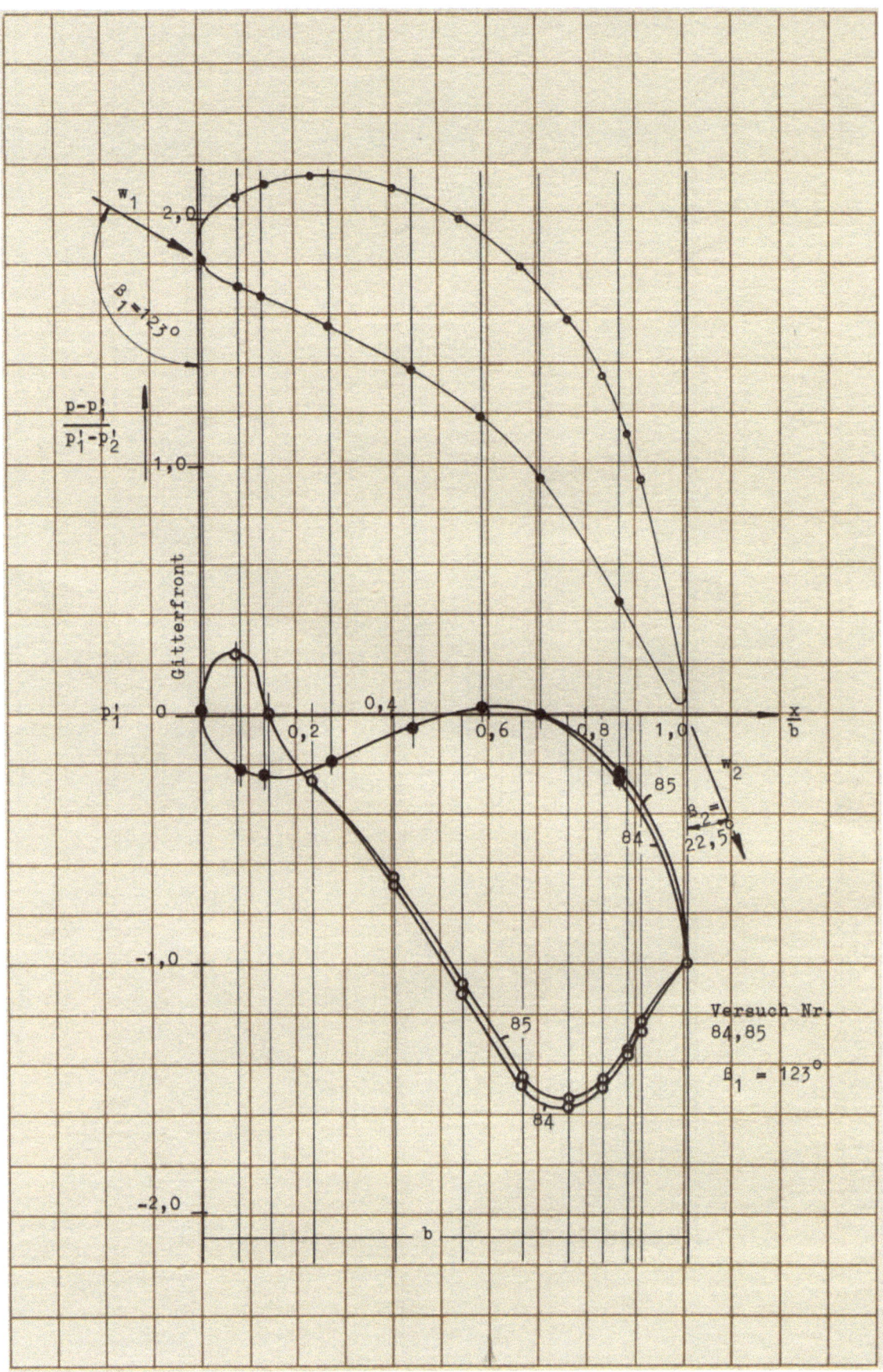

Abbildung 66
Ebenes Schaufelgitter $\frac{t}{l} = 0{,}79$ $\beta_s = 48°$
Druckverteilung zur Ermittlung der Umfangskraftbeiwerte c'_u

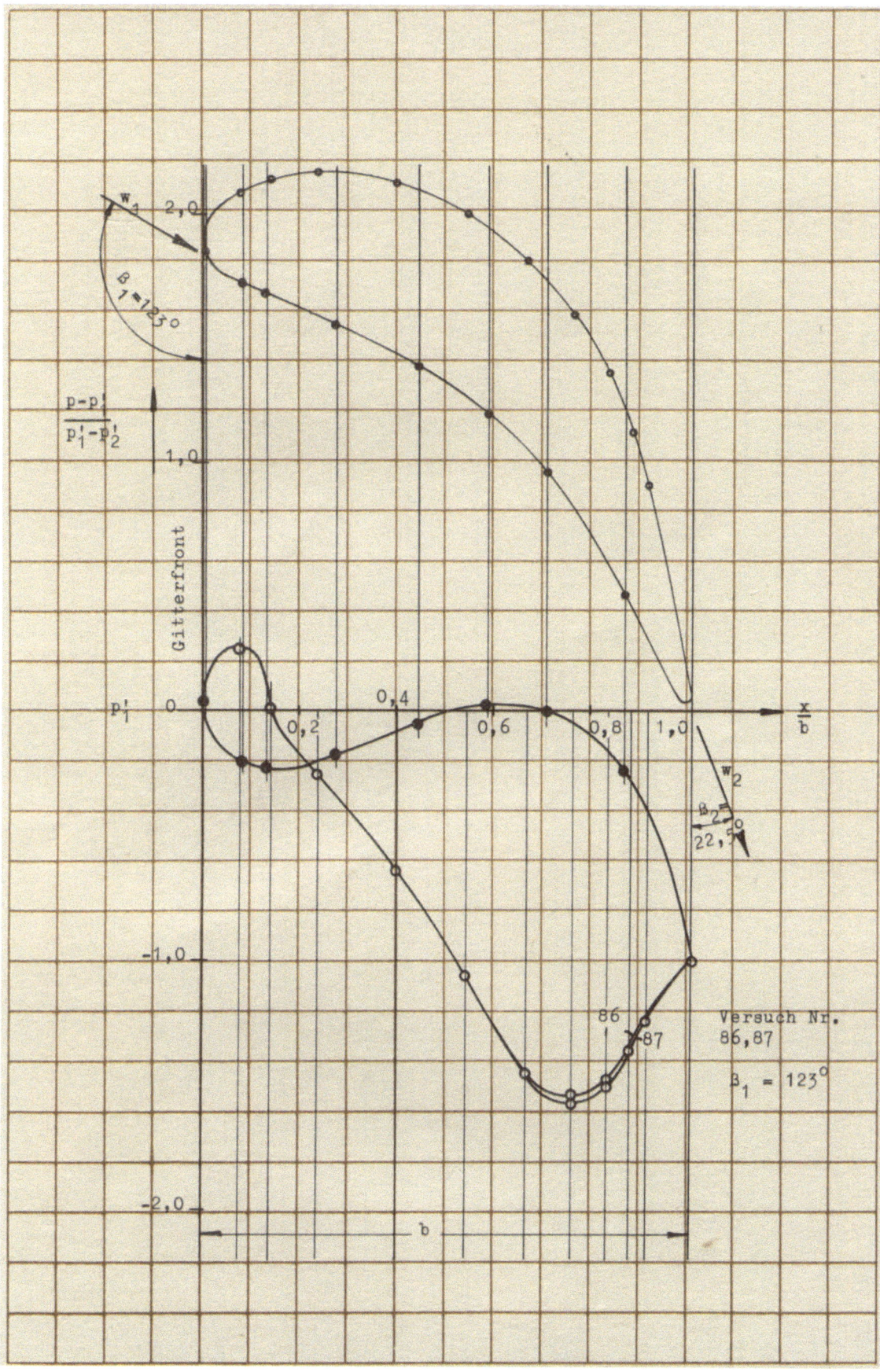

Abbildung 67
Ebenes Schaufelgitter $\frac{t}{l} = 0{,}79$ $\beta_s = 48°$
Druckverteilung zur Ermittlung der Umfangskraftbeiwerte c'_u

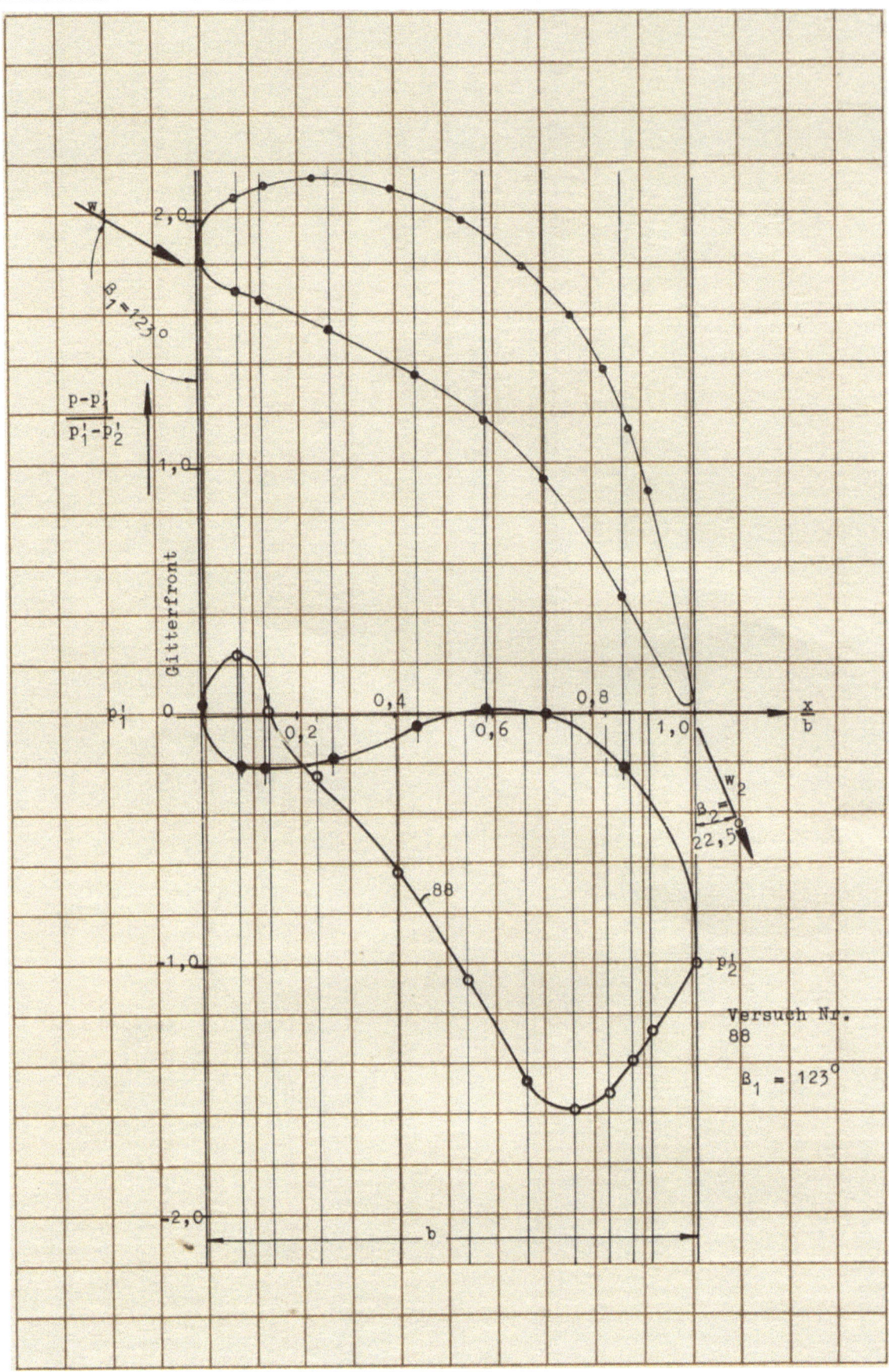

Abbildung 68
Ebenes Schaufelgitter $\frac{t}{l} = 0,79$ $\beta_s = 48°$
Druckverteilung zur Ermittlung der Umfangskraftbeiwerte c'_u

Forschungsberichte des Wirtschafts- und Verkehrsministeriums Nordrhein Westfalen

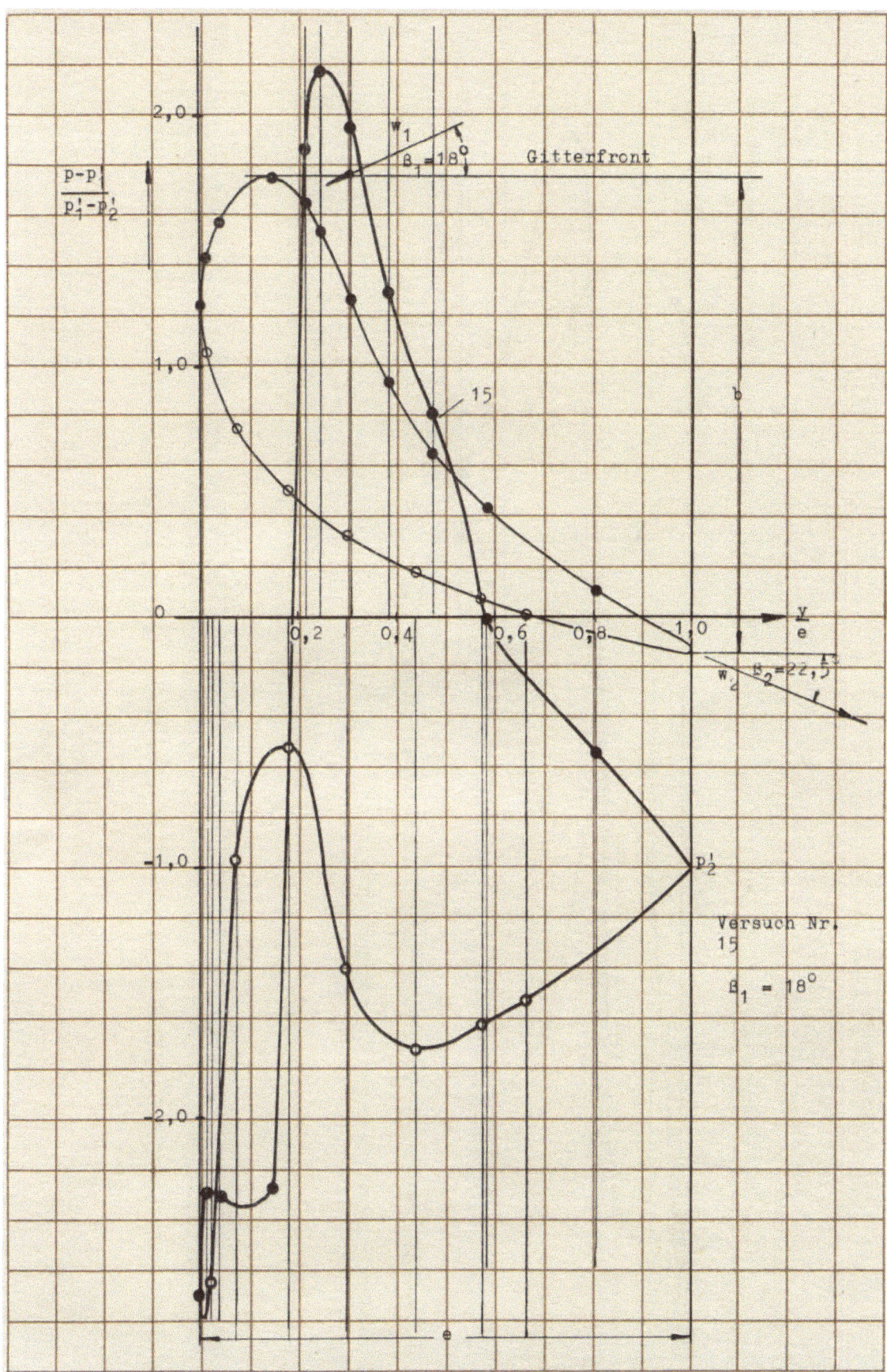

Abbildung 69
Ebenes Schaufelgitter $\frac{t}{l} = 0{,}79$ $\beta_s = 48°$
Druckverteilung zur Ermittlung der Schubkraftbeiwerte c'_s

Forschungsberichte des Wirtschafts- und Verkehrsministeriums Nordrhein Westfalen

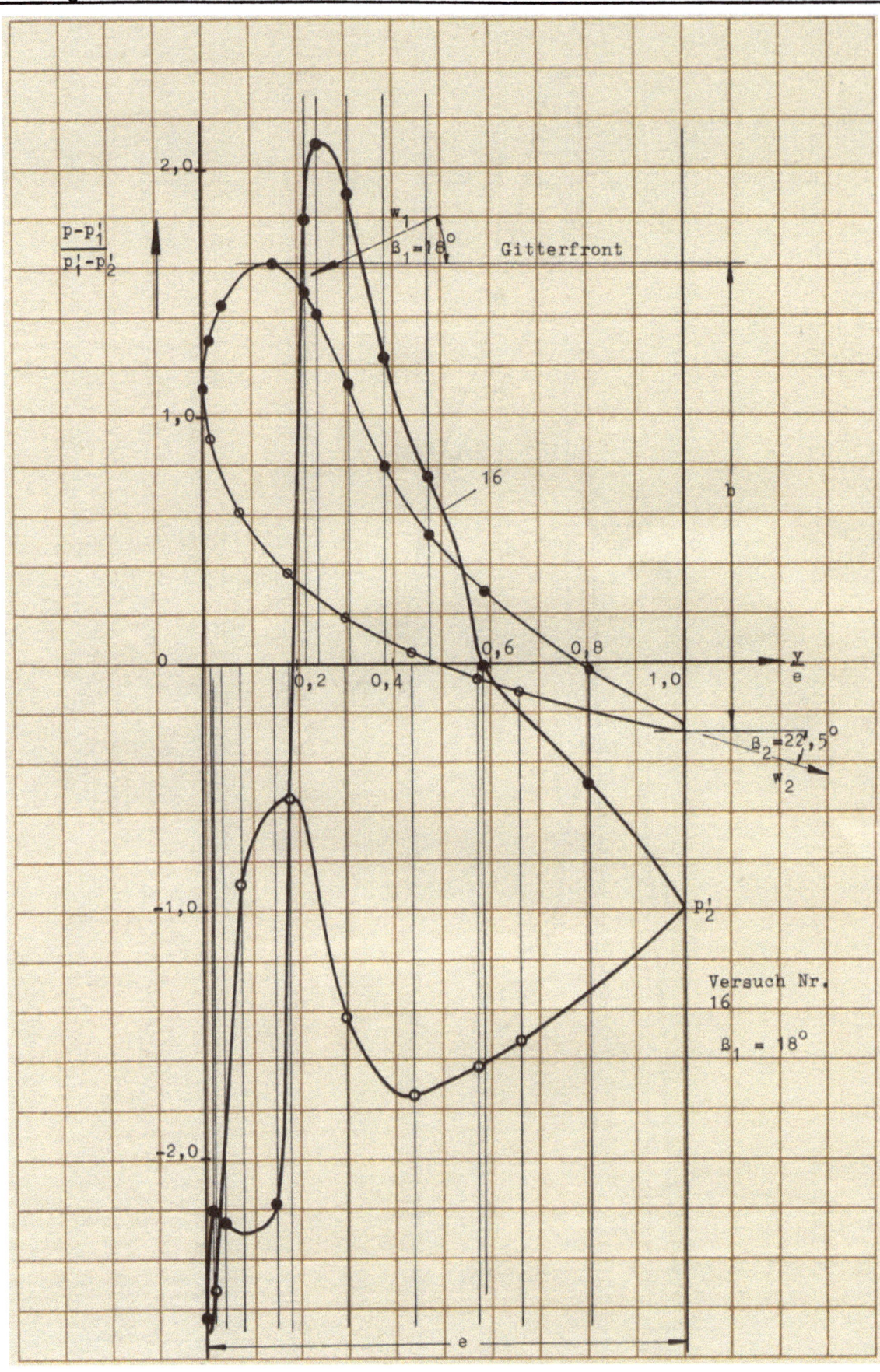

Abbildung 70
Ebenes Schaufelgitter $\frac{t}{l} = 0{,}79$ $\beta_s = 48°$
Druckverteilung zur Ermittlung der Schubkraftbeiwerte c'_s

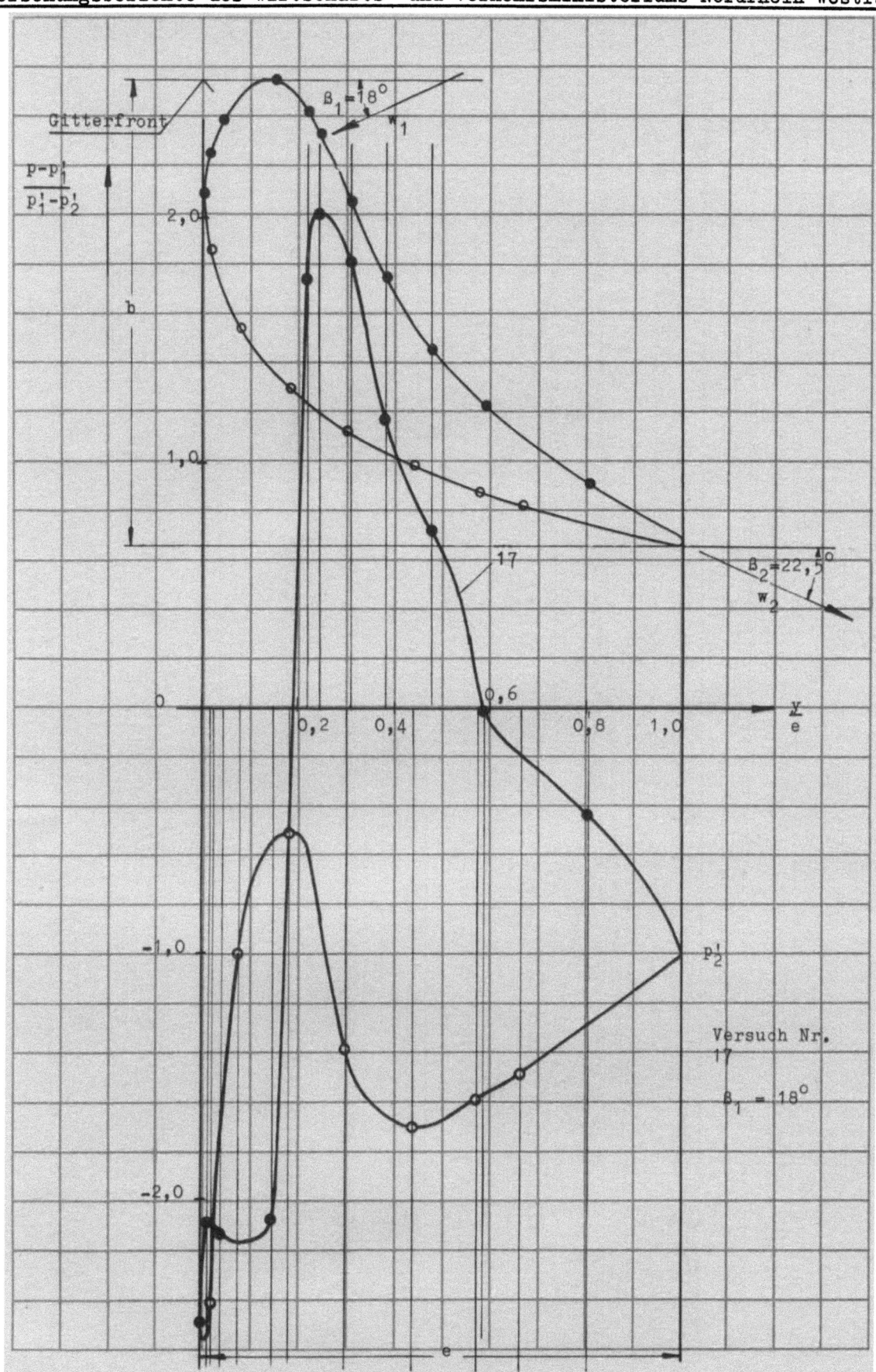

Abbildung 71
Ebenes Schaufelgitter $\frac{t}{l} = 0{,}79$ $\beta_s = 48°$
Druckverteilung zur Ermittlung der Schubkraftbeiwerte c'_s

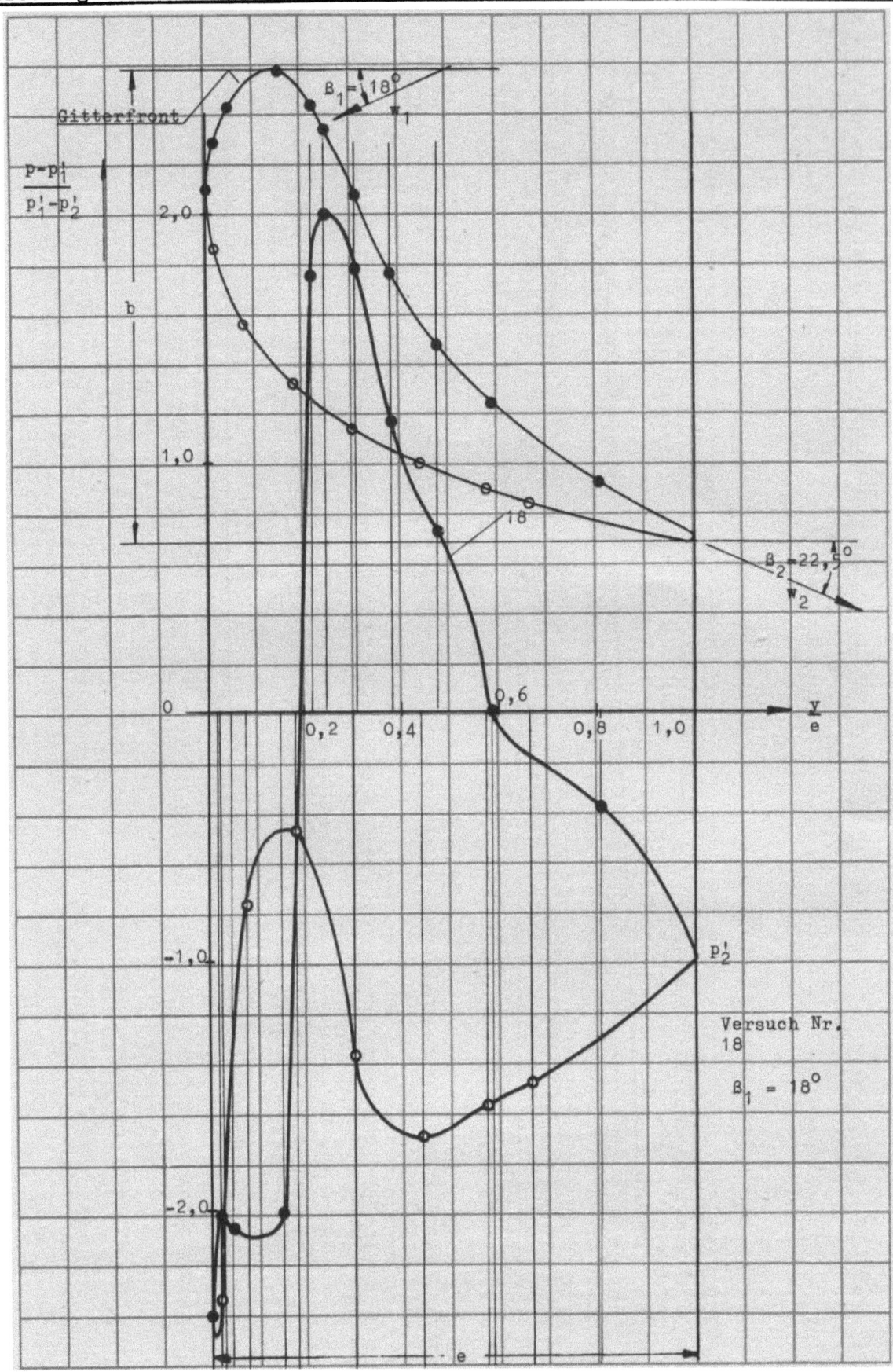

Abbildung 72
Ebenes Schaufelgitter $\frac{t}{l} = 0{,}79$ $\beta_s = 48°$
Druckverteilung zur Ermittlung der Schubkraftbeiwerte c'_s

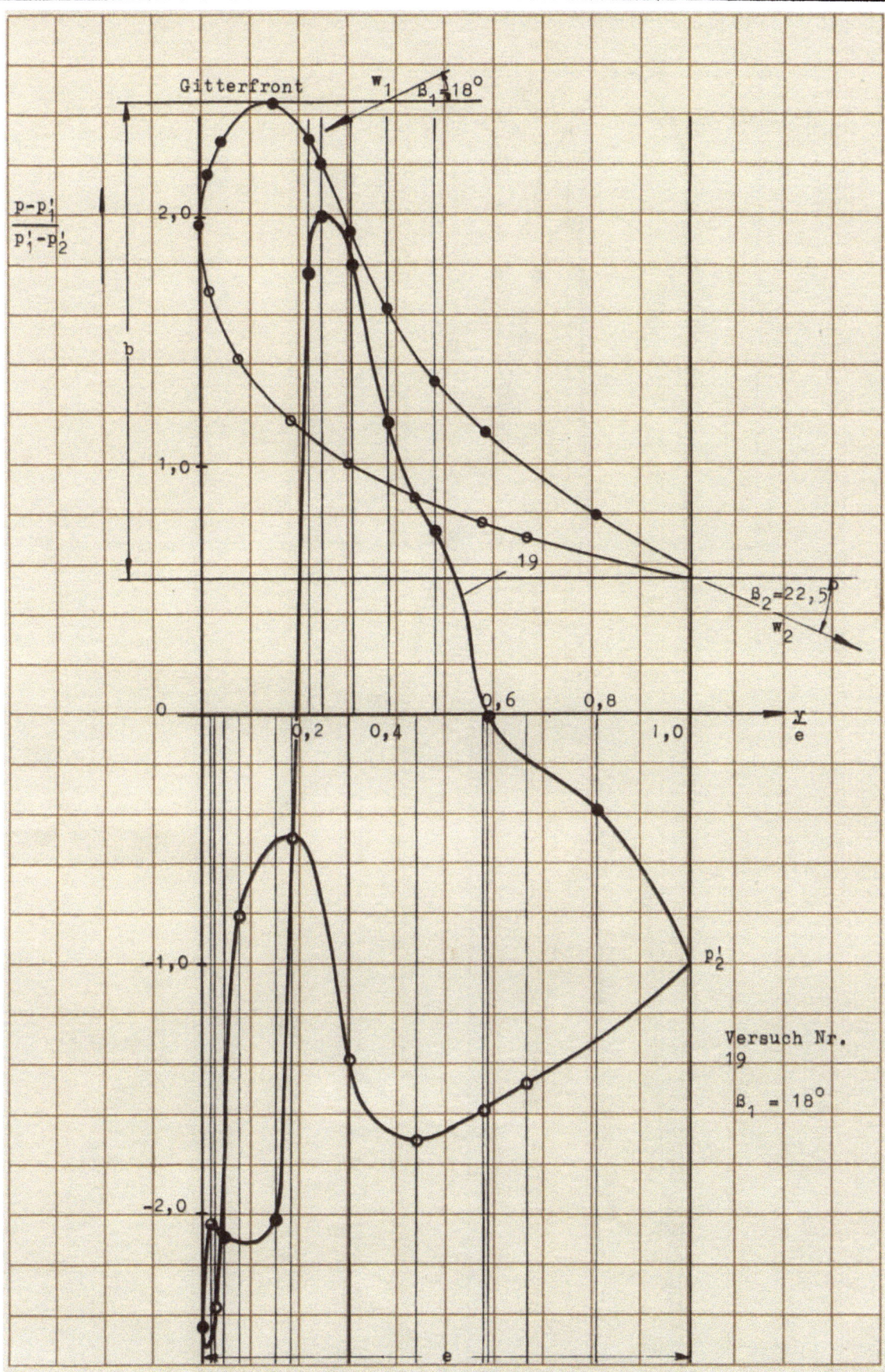

Abbildung 73
Ebenes Schaufelgitter $\frac{t}{l} = 0,79$ $\beta_s = 48°$
Druckverteilung zur Ermittlung der Schubkraftbeiwerte c'_s

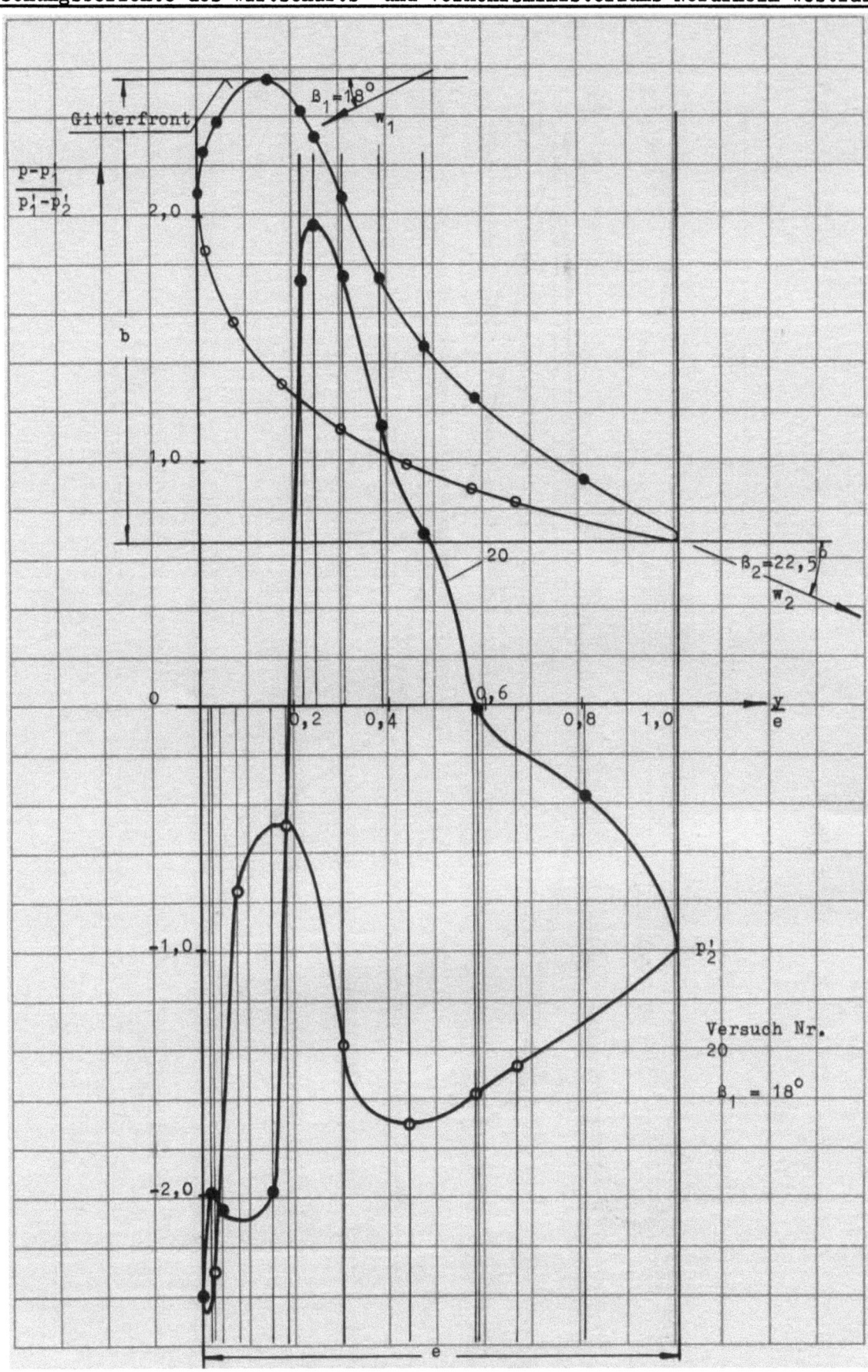

Abbildung 74
Ebenes Schaufelgitter $\frac{t}{l} = 0,79$ $\beta_s = 48°$
Druckverteilung zur Ermittlung der Schubkraftbeiwerte c'_s

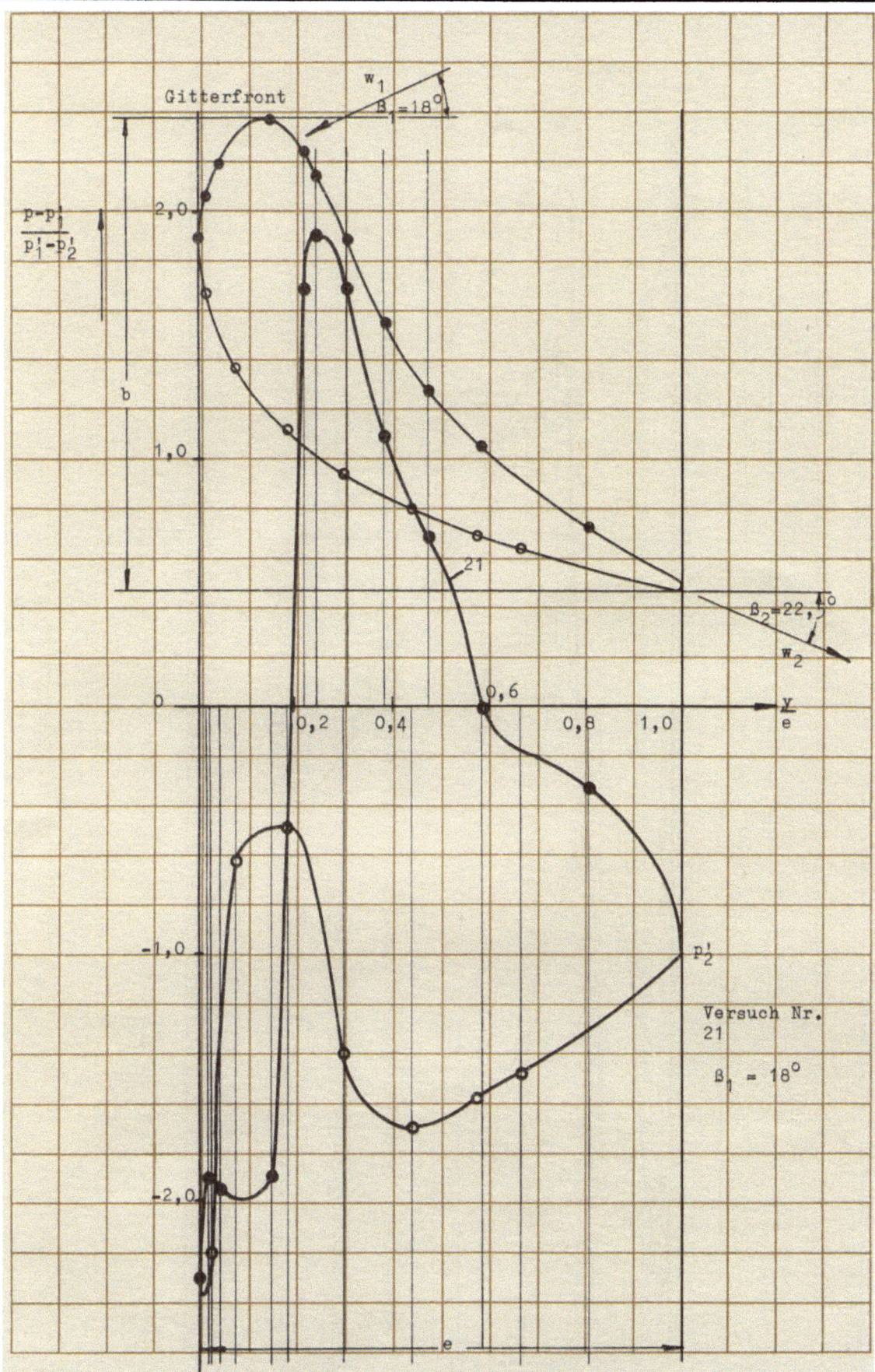

Abbildung 75
Ebenes Schaufelgitter $\frac{t}{l} = 0{,}79$ $\beta_s = 48°$
Druckverteilung zur Ermittlung der Schubkraftbeiwerte c'_s

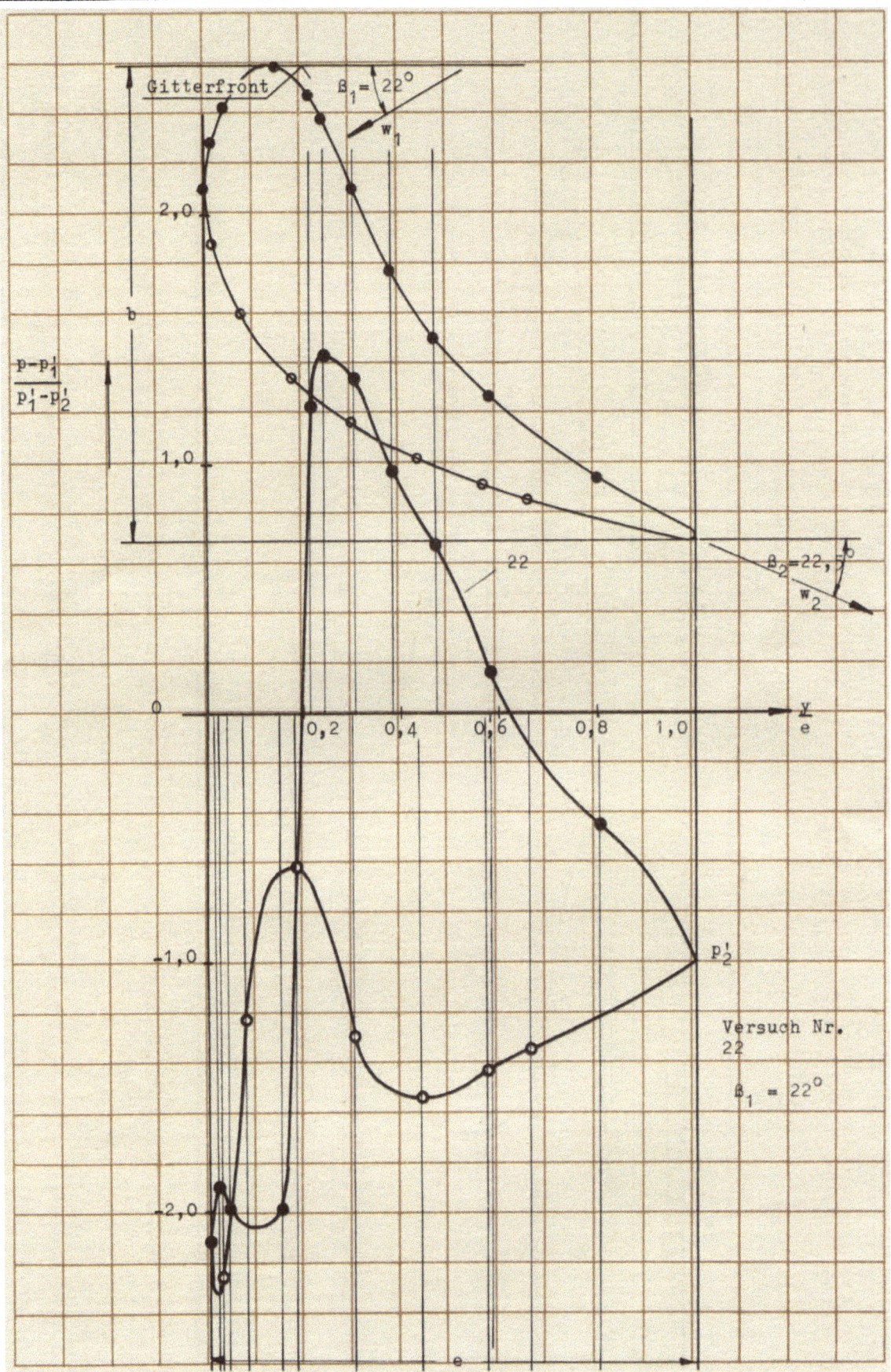

Abbildung 76
Ebenes Schaufelgitter $\frac{t}{l} = 0,79$ $\beta_s = 48°$
Druckverteilung zur Ermittlung der Schubkraftbeiwerte c'_s

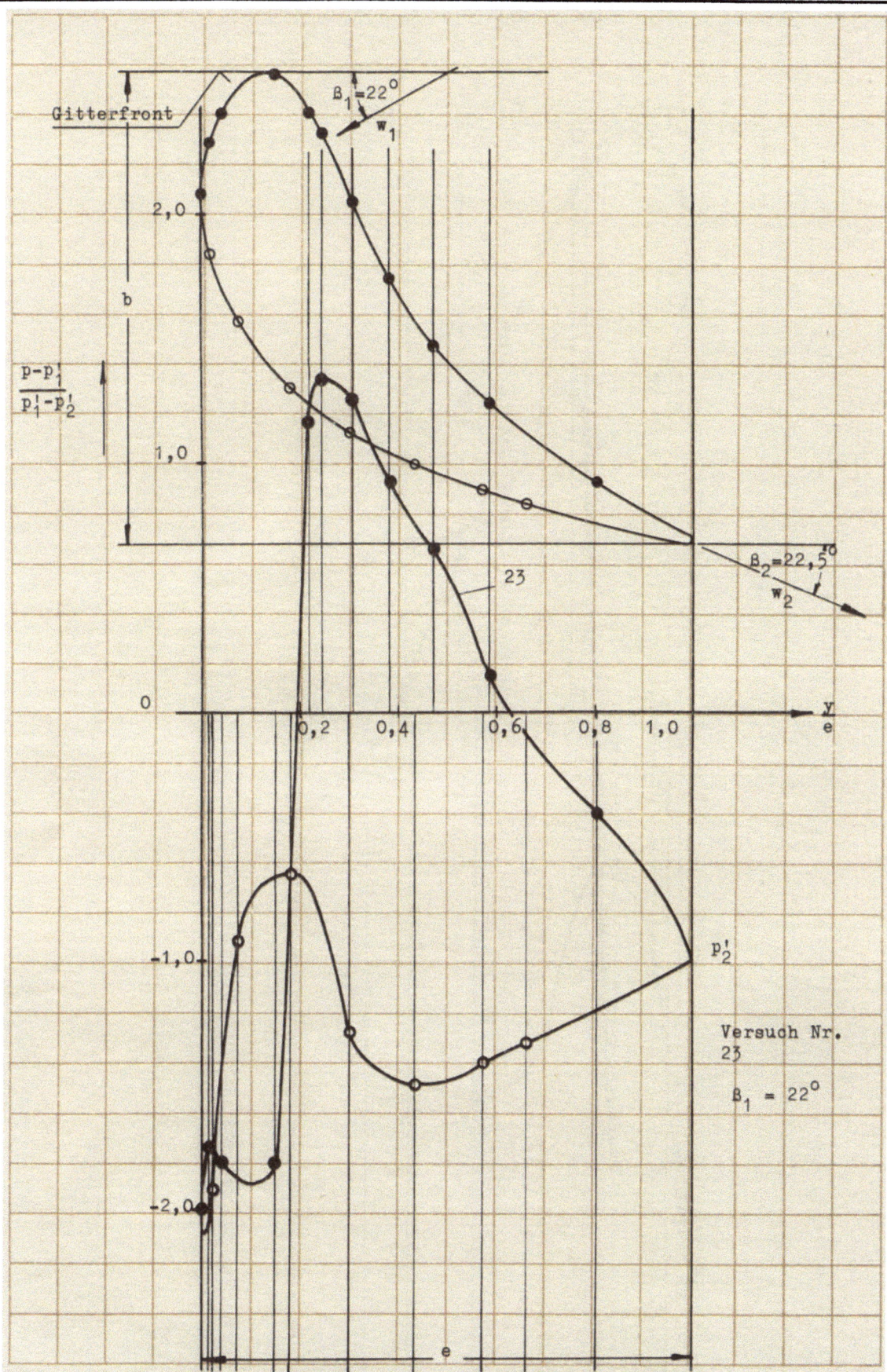

Abbildung 77
Ebenes Schaufelgitter $\frac{t}{l} = 0,79$ $\beta_s = 48°$
Druckverteilung zur Ermittlung der Schubkraftbeiwerte c'_s

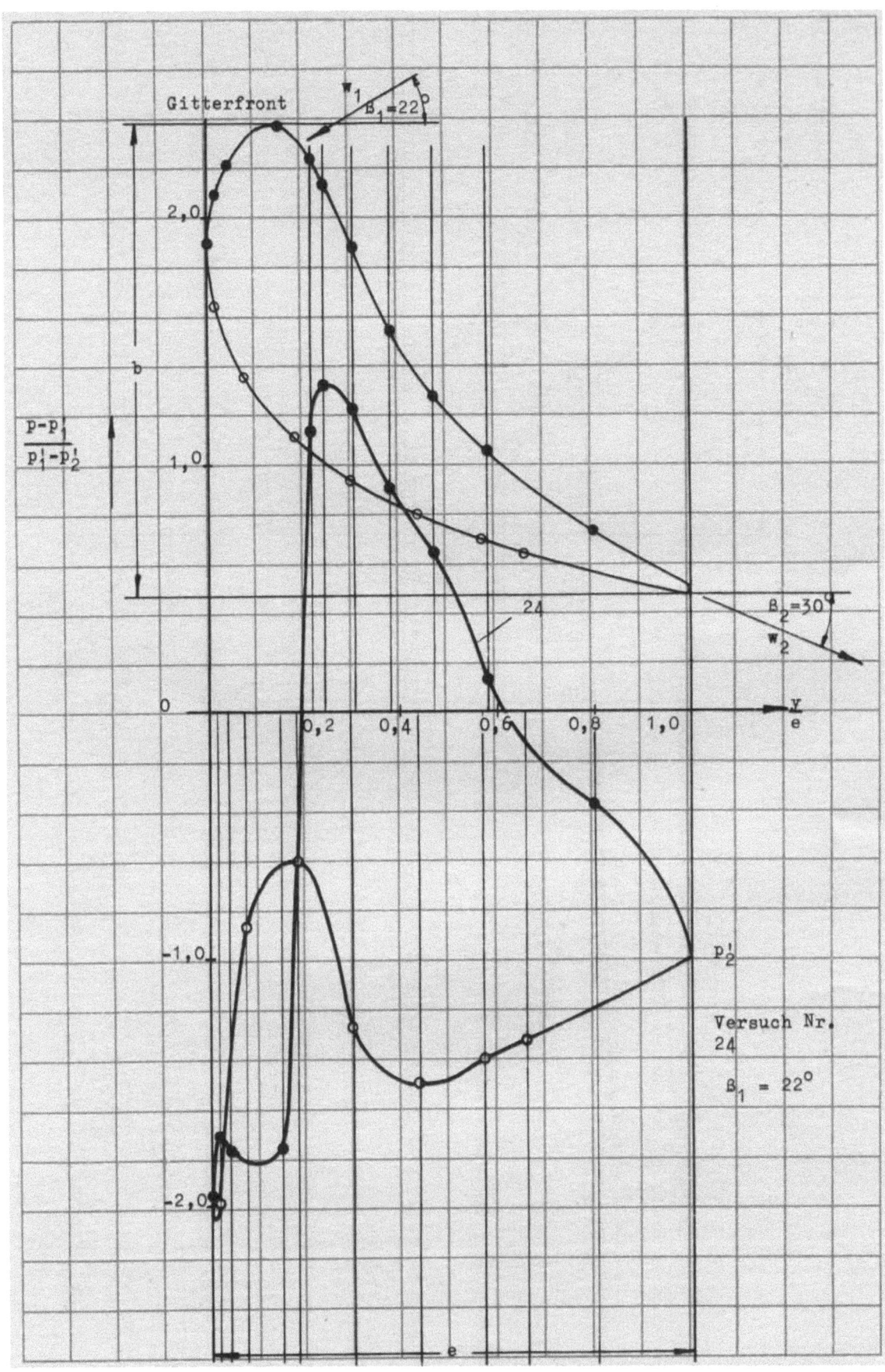

Abbildung 78
Ebenes Schaufelgitter $\frac{t}{l} = 0,79$ $ß_s = 48°$
Druckverteilung zur Ermittlung der Schubkraftbeiwerte c'_s

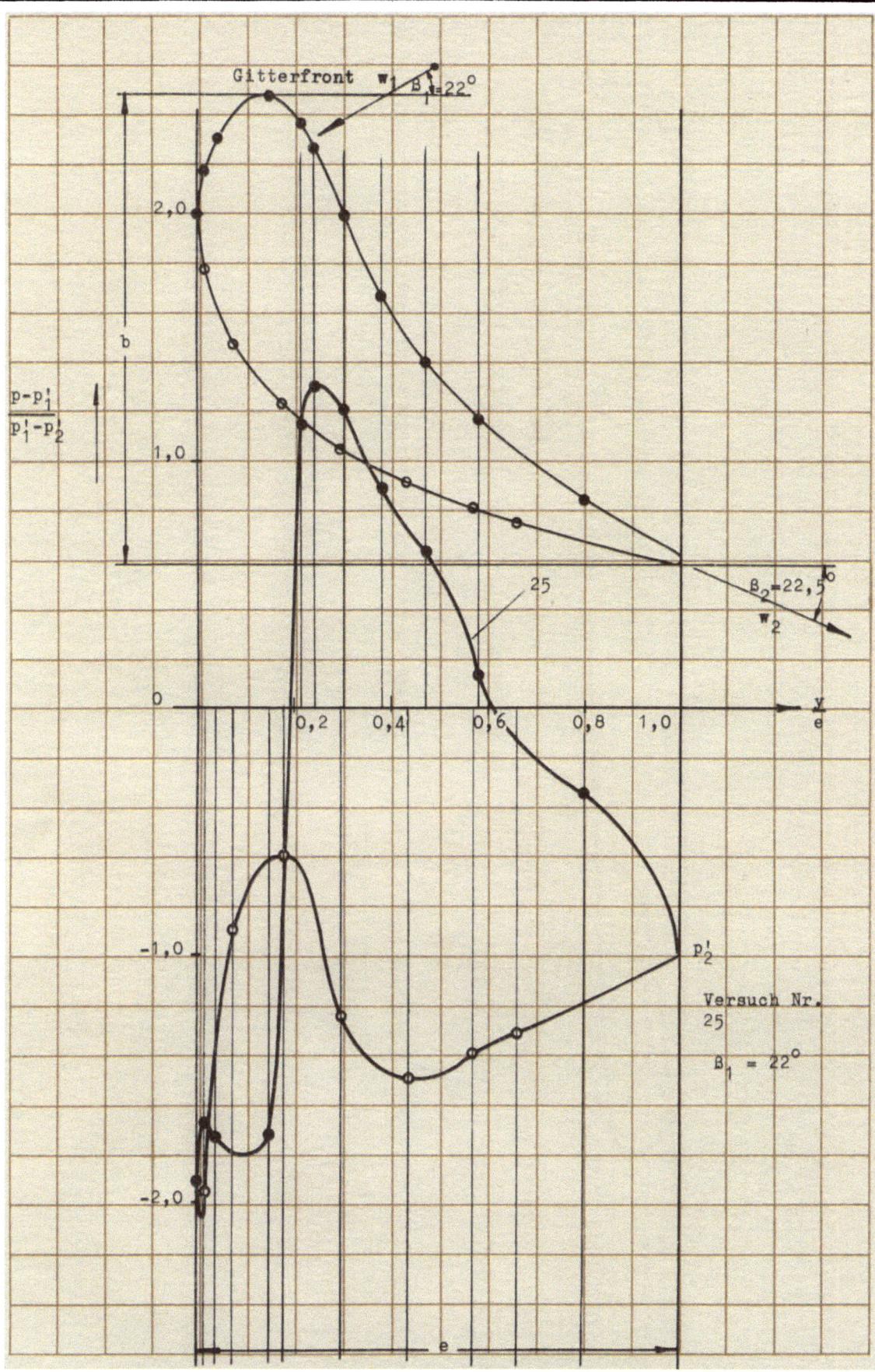

Abbildung 79
Ebenes Schaufelgitter $\frac{t}{l} = 0{,}79$ $\beta_s = 48°$
Druckverteilung zur Ermittlung der Schubkraftbeiwerte c'_s

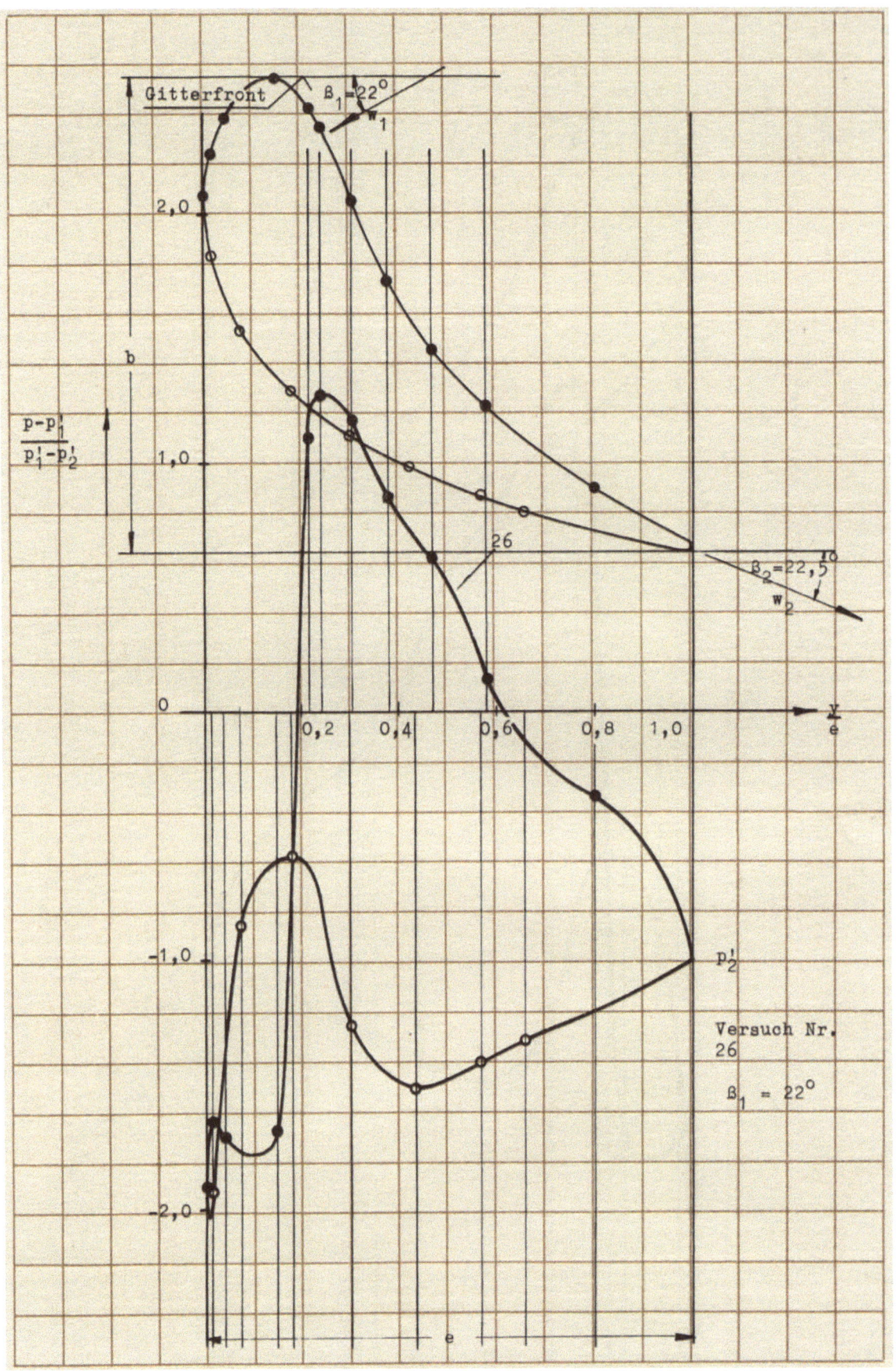

Abbildung 80
Ebenes Schaufelgitter $\frac{t}{l} = 0,79$ $ß_s = 48°$
Druckverteilung zur Ermittlung der Schubkraftbeiwerte c'_s

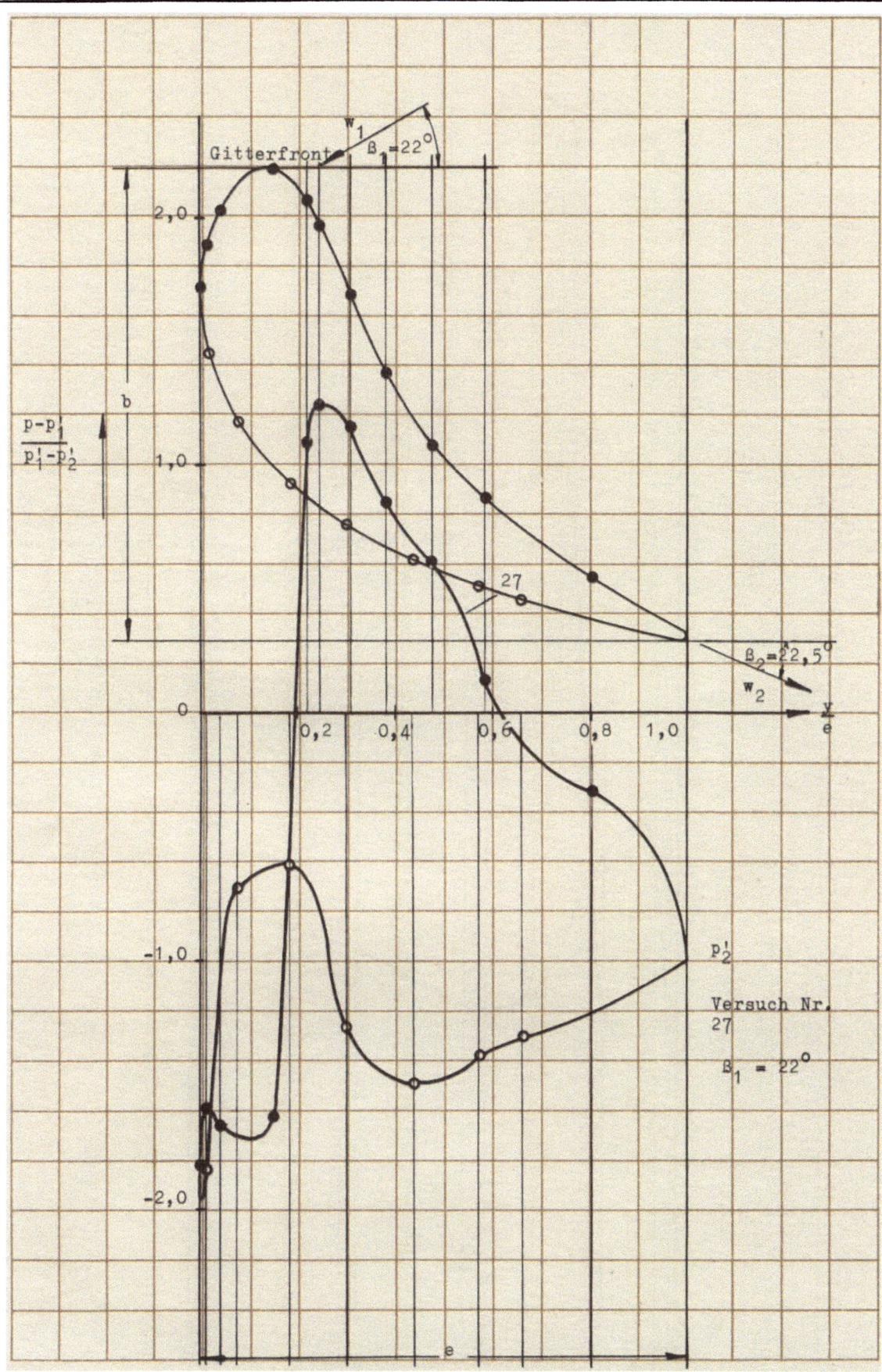

A b b i l d u n g 81
Ebenes Schaufelgitter $\frac{t}{l} = 0{,}79$ $\beta_s = 48°$
Druckverteilung zur Ermittlung der Schubkraftbeiwerte c'_s

Forschungsberichte des Wirtschafts- und Verkehrsministeriums Nordrhein Westfalen

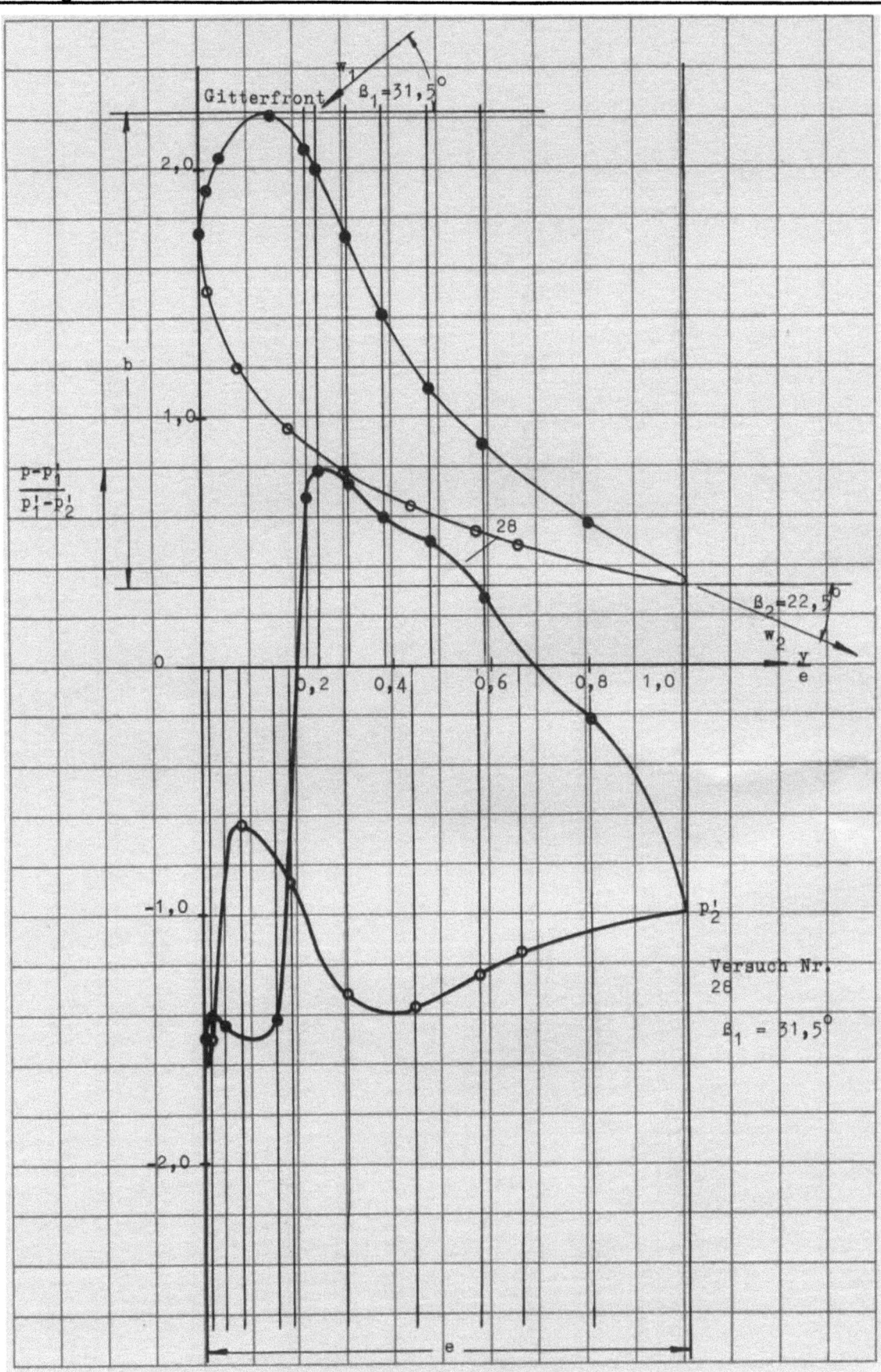

Abbildung 82
Ebenes Schaufelgitter $\frac{t}{l} = 0{,}79$ $\beta_s = 48°$
Druckverteilung zur Ermittlung der Schubkraftbeiwerte c'_s

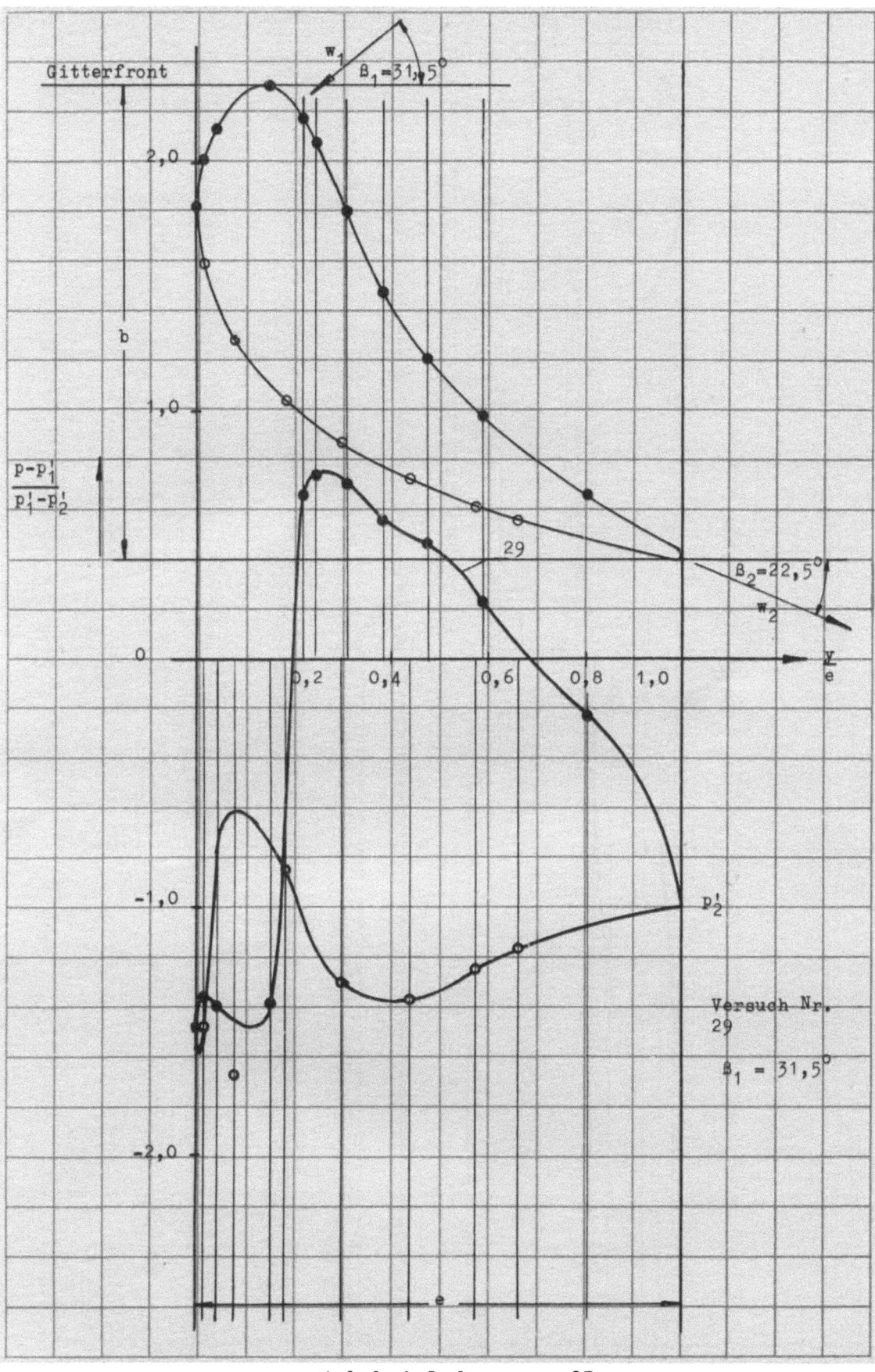

Abbildung 83
Ebenes Schaufelgitter $\frac{t}{l} = 0,79$ $\beta_s = 48°$
Druckverteilung zur Ermittlung der Schubkraftbeiwerte c'_s

Forschungsberichte des Wirtschafts- und Verkehrsministeriums Nordrhein Westfalen

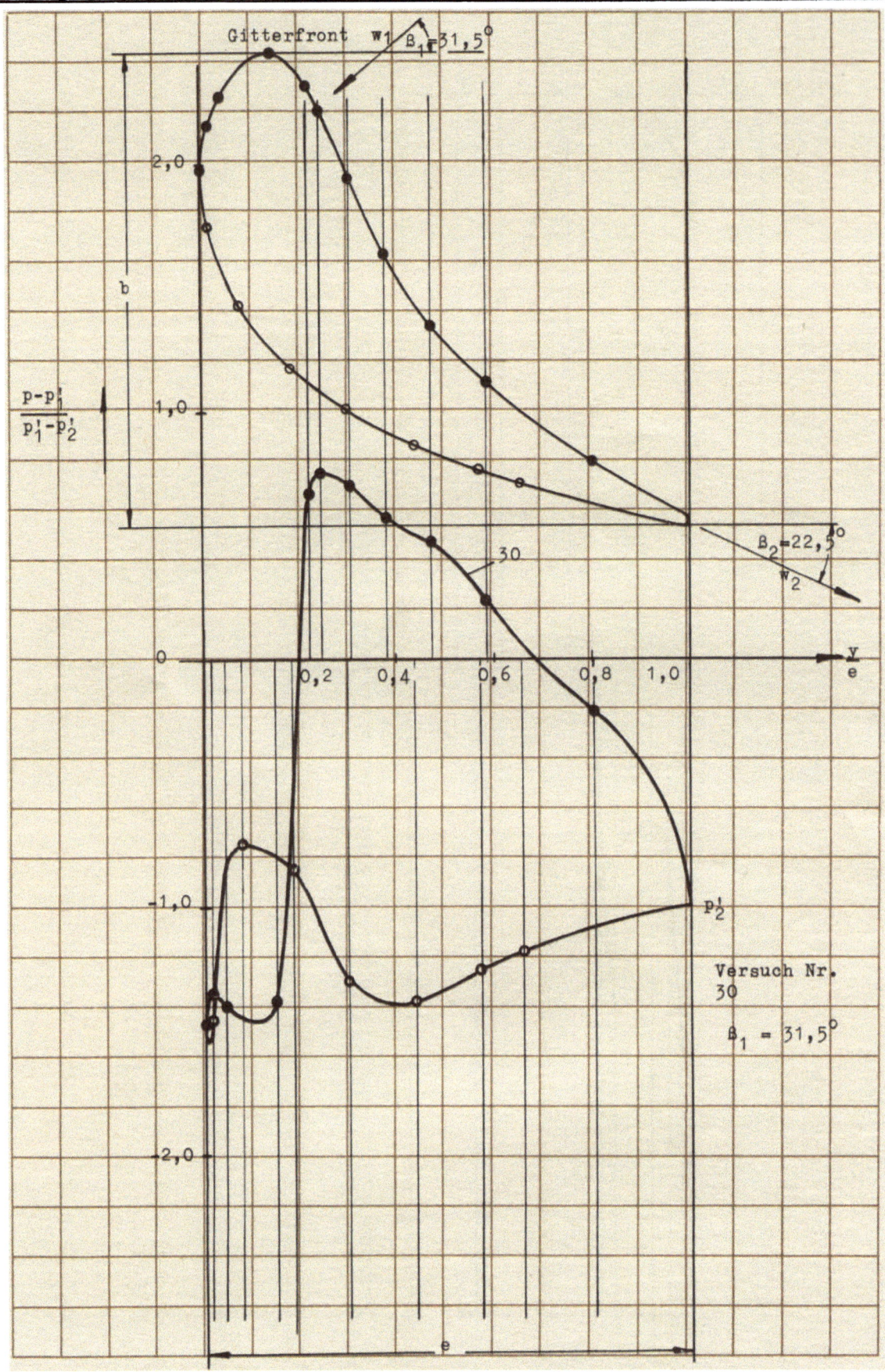

Abbildung 84

Ebenes Schaufelgitter $\frac{t}{l} = 0{,}79$ $\beta_s = 48°$

Druckverteilung zur Ermittlung der Schubkraftbeiwerte c'_s

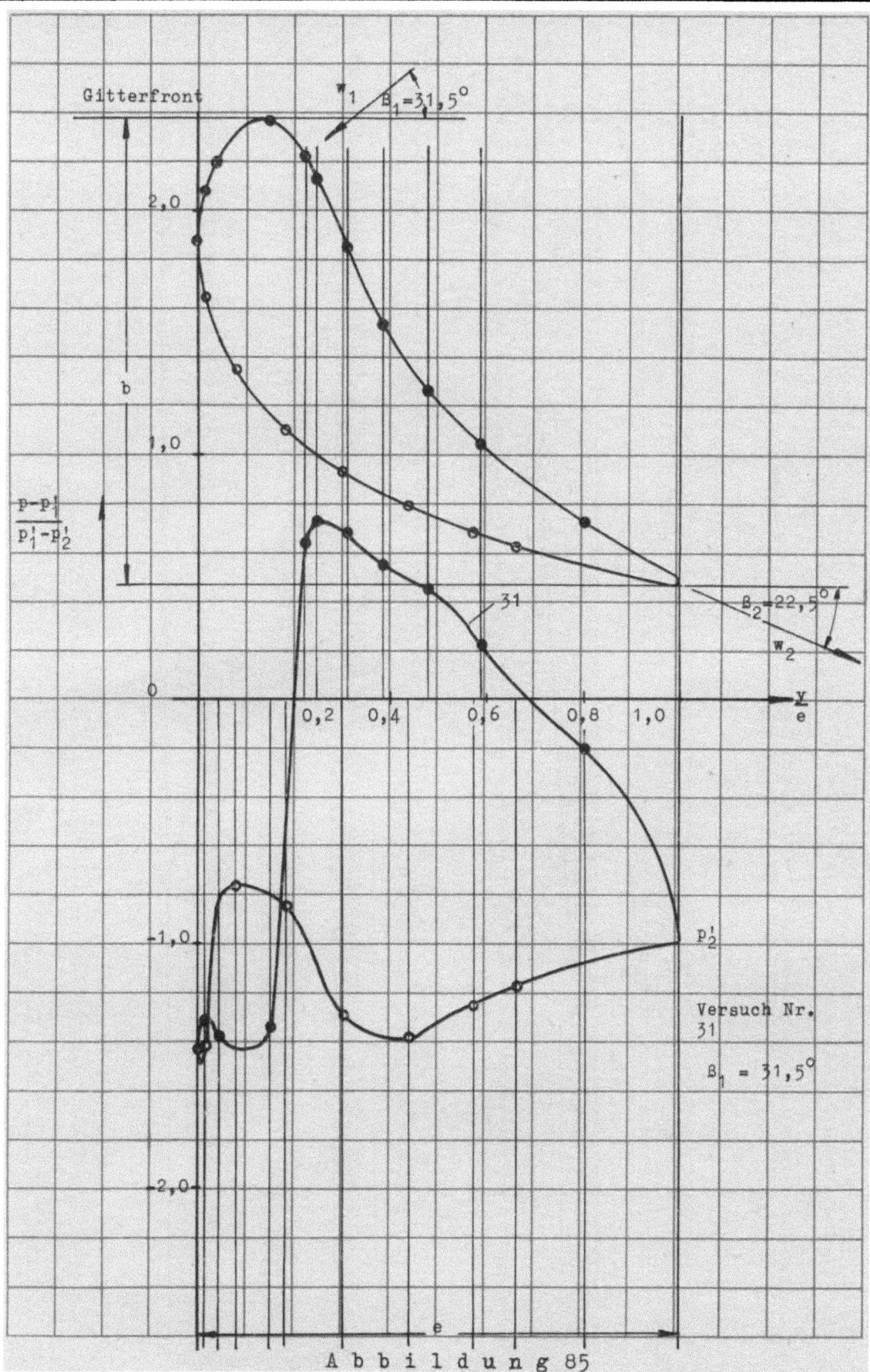

Abbildung 85

Ebenes Schaufelgitter $\frac{t}{l} = 0{,}79$ $\beta_s = 48°$

Druckverteilung zur Ermittlung der Schubkraftbeiwerte c'_s

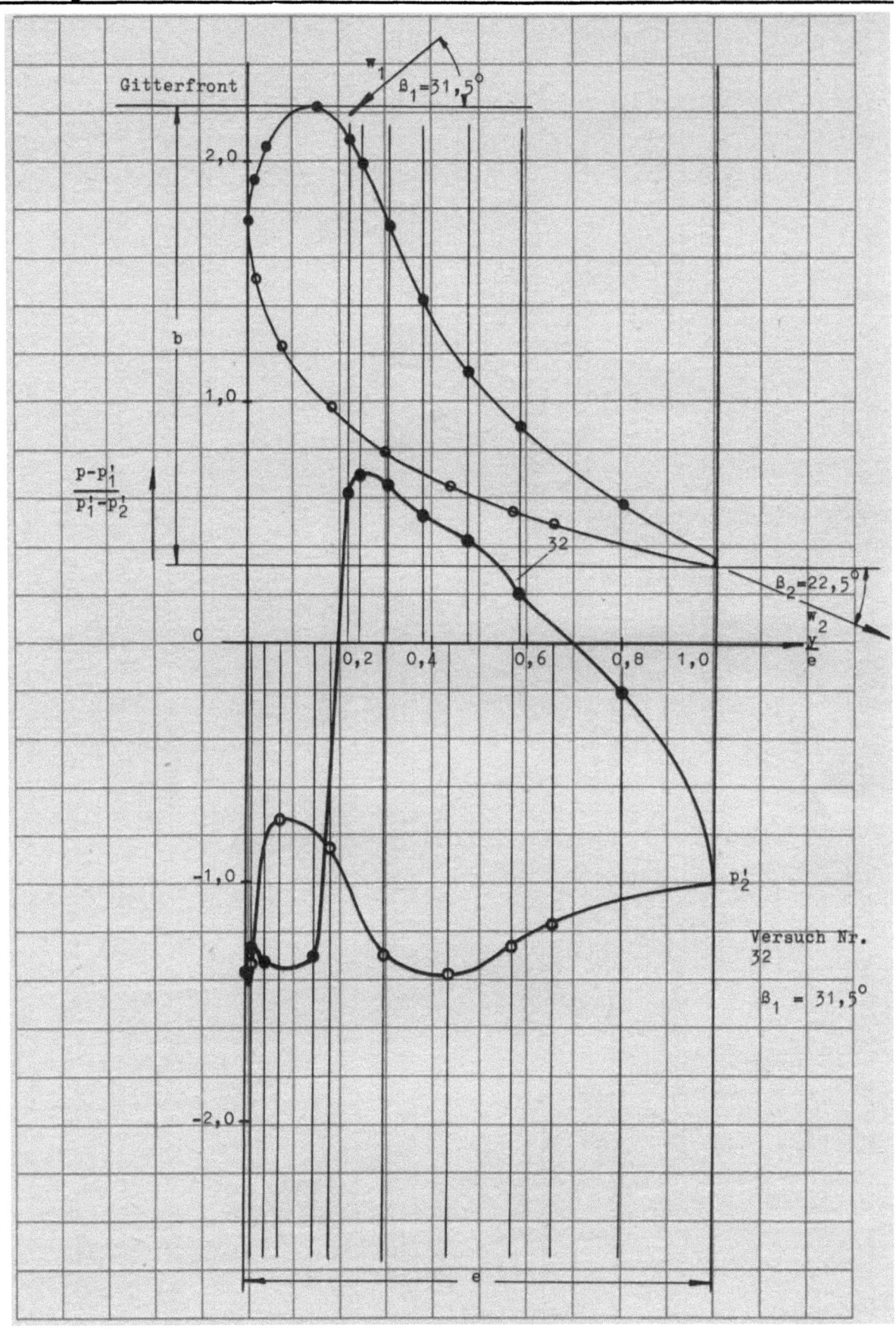

Abbildung 86

Ebenes Schaufelgitter $\frac{t}{l} = 0{,}79$ $\beta_s = 48°$

Druckverteilung zur Ermittlung der Schubkraftbeiwerte c'_s

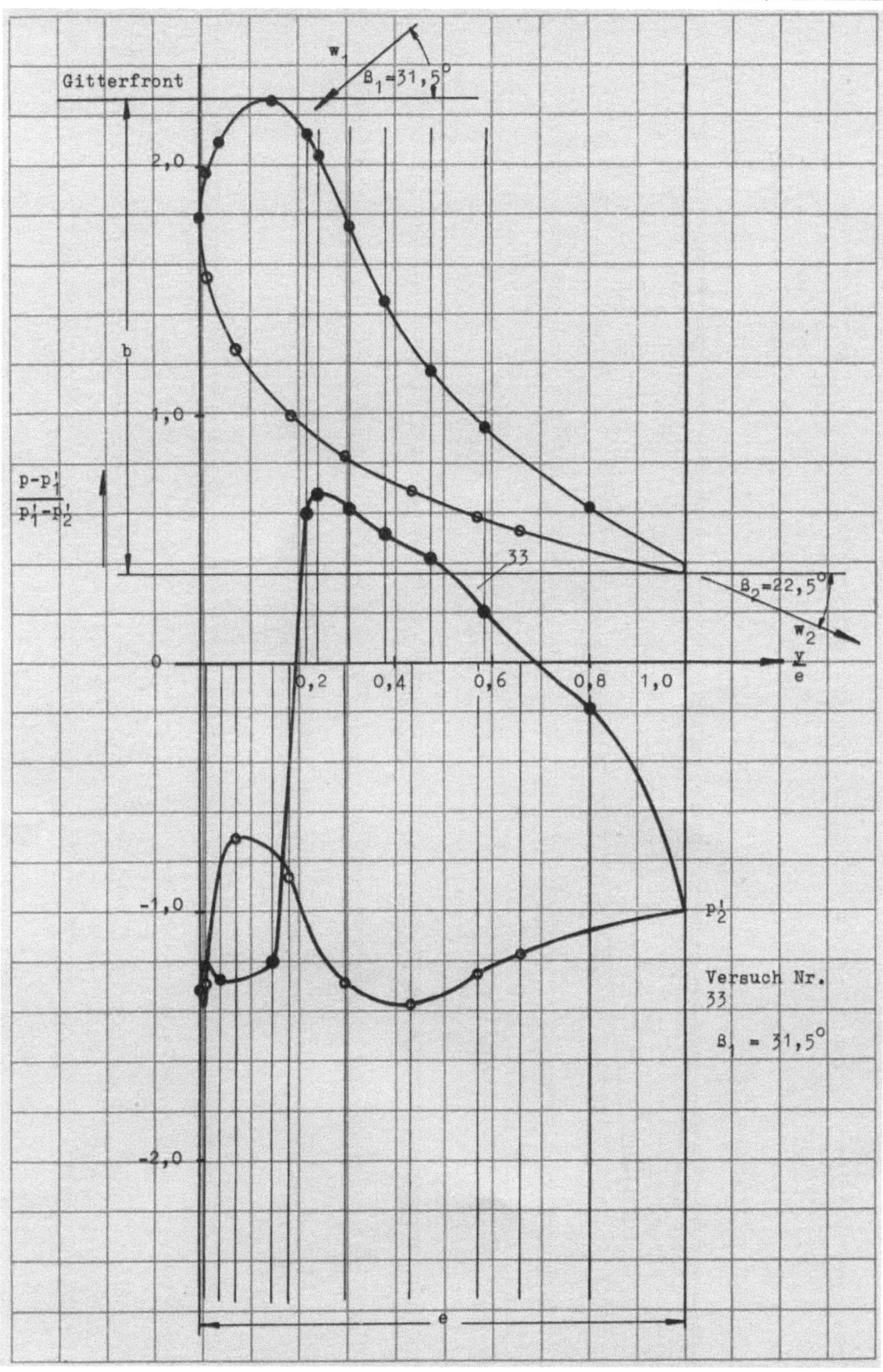

Abbildung 87
Ebenes Schaufelgitter $\frac{t}{l} = 0{,}79$ $ß_s = 48°$
Druckverteilung zur Ermittlung der Schubkraftbeiwerte c'_s

Forschungsberichte des Wirtschafts- und Verkehrsministeriums Nordrhein Westfalen

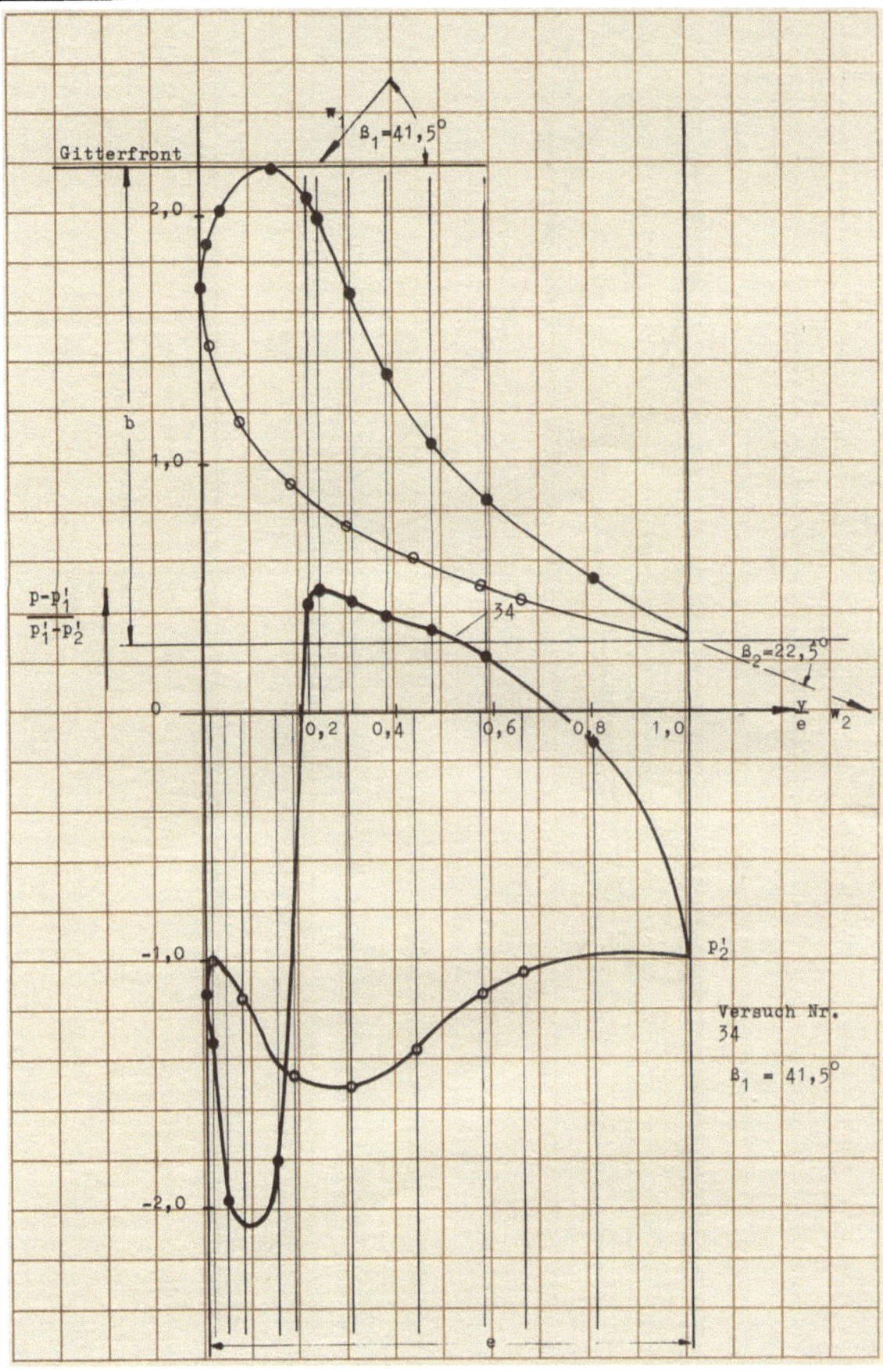

Abbildung 88
Ebenes Schaufelgitter $\frac{t}{l} = 0{,}79$ $\beta_s = 48°$
Druckverteilung zur Ermittlung der Schubkraftbeiwerte c'_s

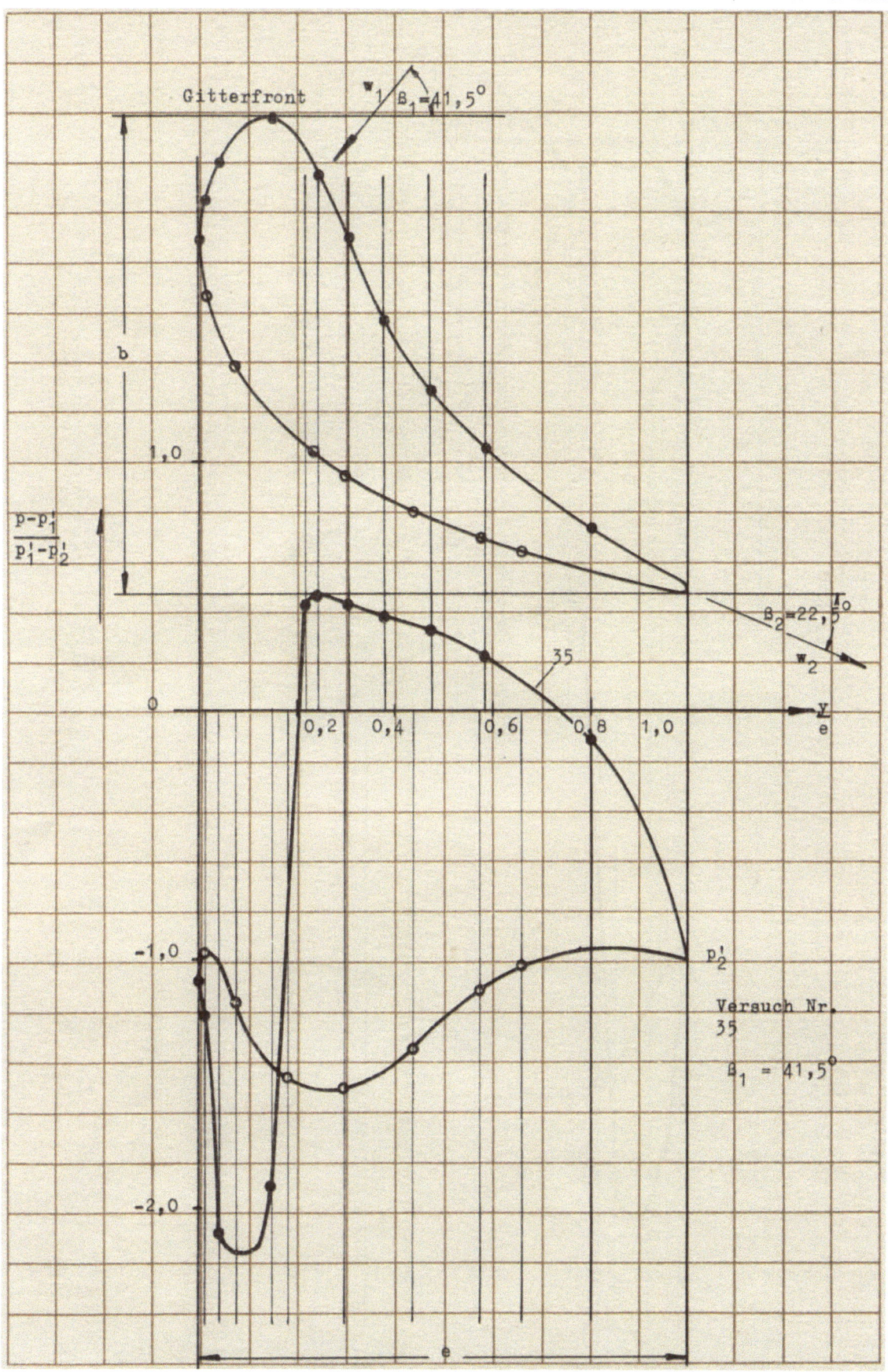

Abbildung 89
Ebenes Schaufelgitter $\frac{t}{l} = 0{,}79$ $\beta_s = 48°$
Druckverteilung zur Ermittlung der Schubkraftbeiwerte c'_s

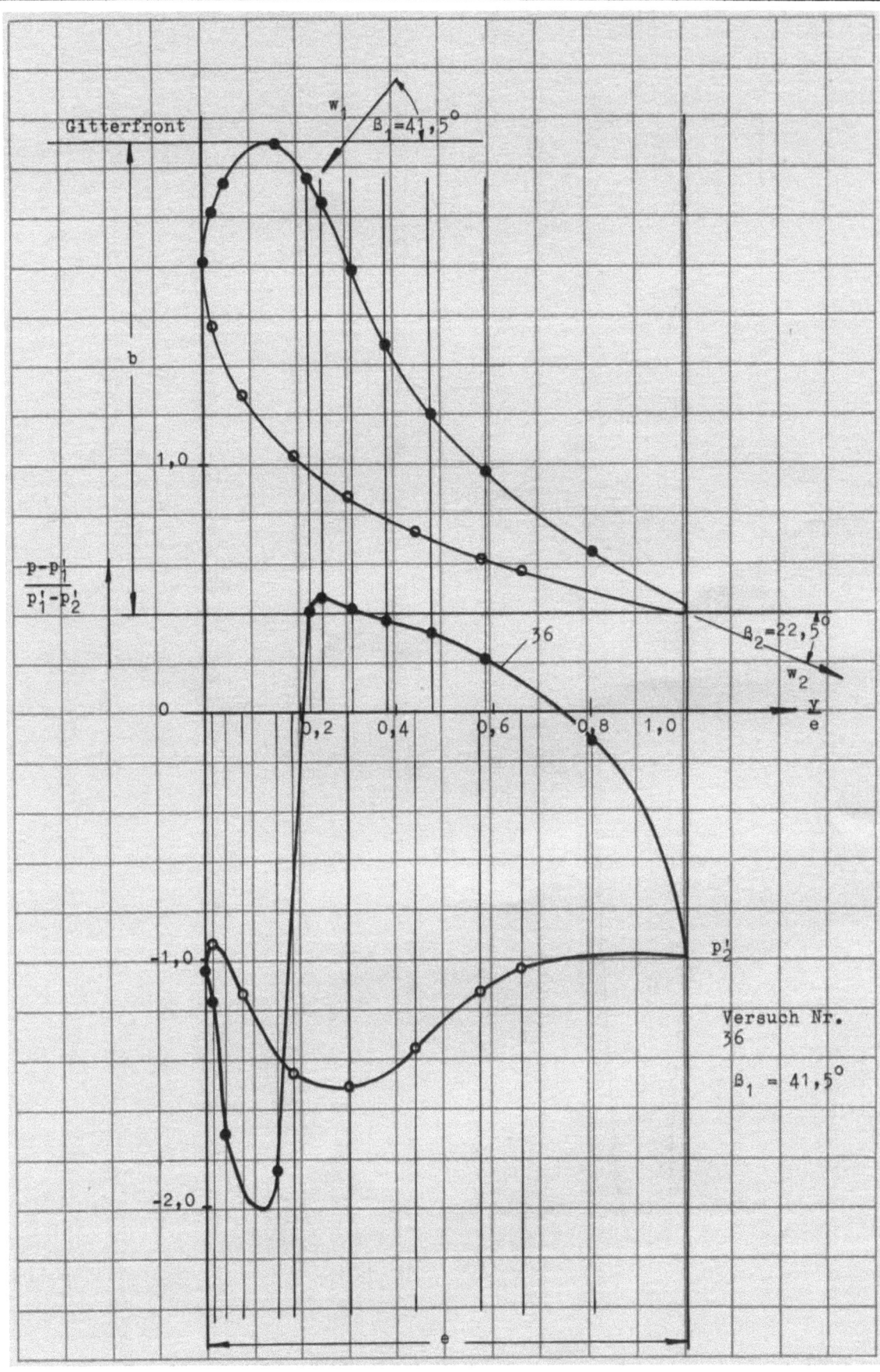

Abbildung 90
Ebenes Schaufelgitter $\frac{t}{l} = 0{,}79$ $\beta_s = 48°$
Druckverteilung zur Ermittlung der Schubkraftbeiwerte c'_s

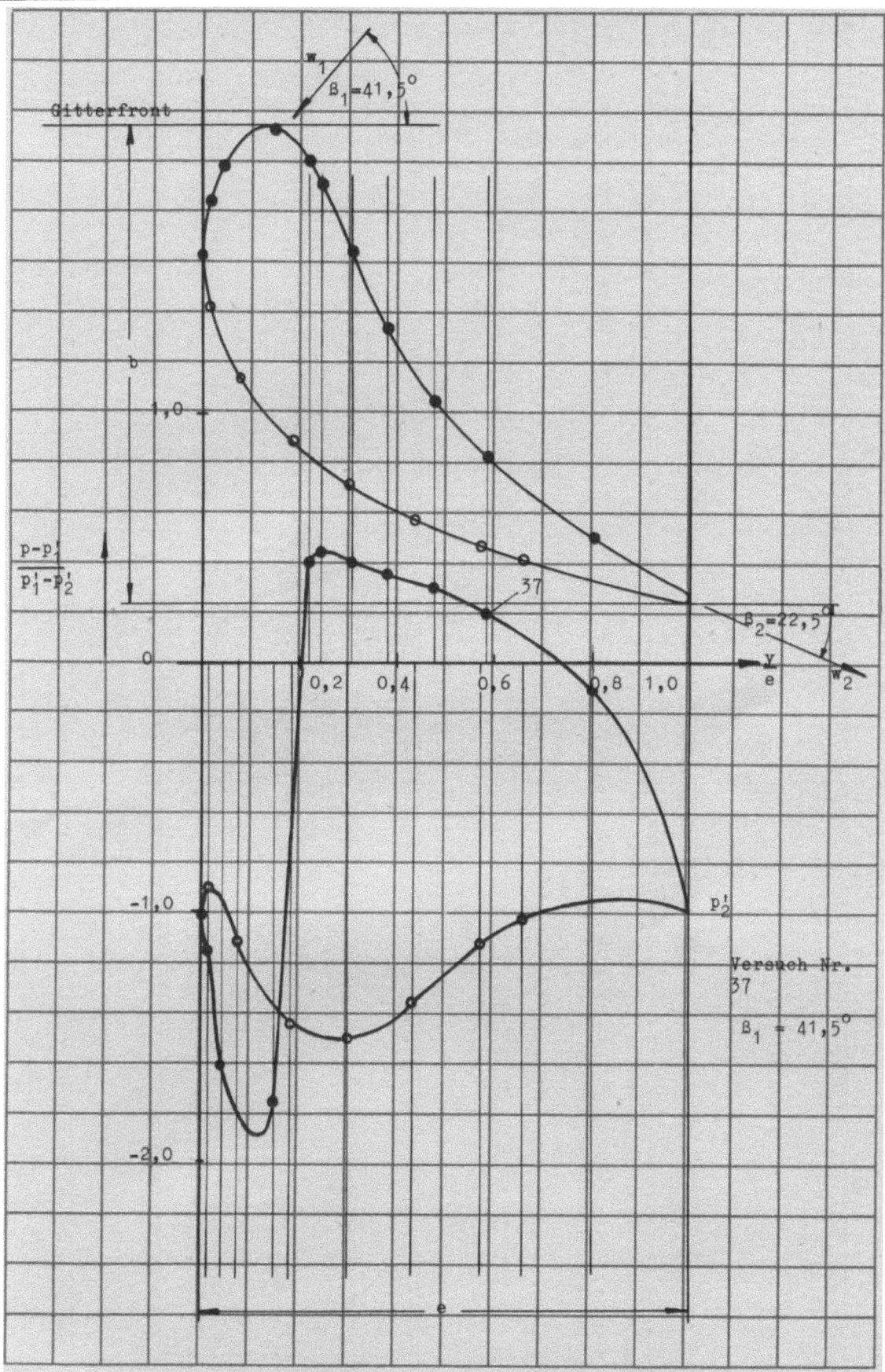

Abbildung 91

Ebenes Schaufelgitter $\frac{t}{l} = 0{,}79$ $\beta_s = 48°$

Druckverteilung zur Ermittlung der Schubkraftbeiwerte c'_s

Forschungsberichte des Wirtschafts- und Verkehrsministeriums Nordrhein Westfalen

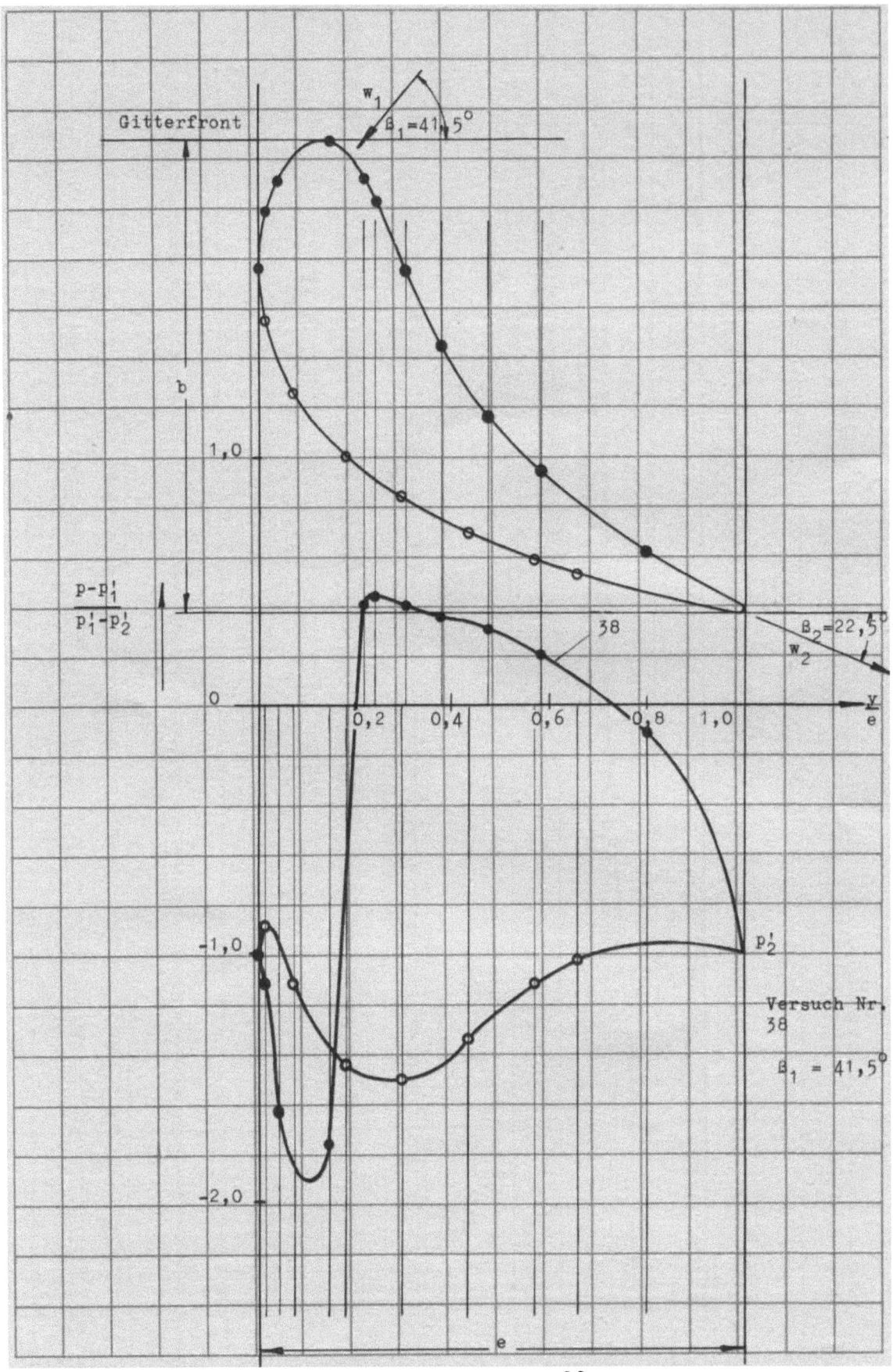

Abbildung 92

Ebenes Schaufelgitter $\frac{t}{l} = 0,79$ $\beta_s = 48°$

Druckverteilung zur Ermittlung der Schubkraftbeiwerte c'_s

Forschungsberichte des Wirtschafts- und Verkehrsministeriums Nordrhein Westfalen

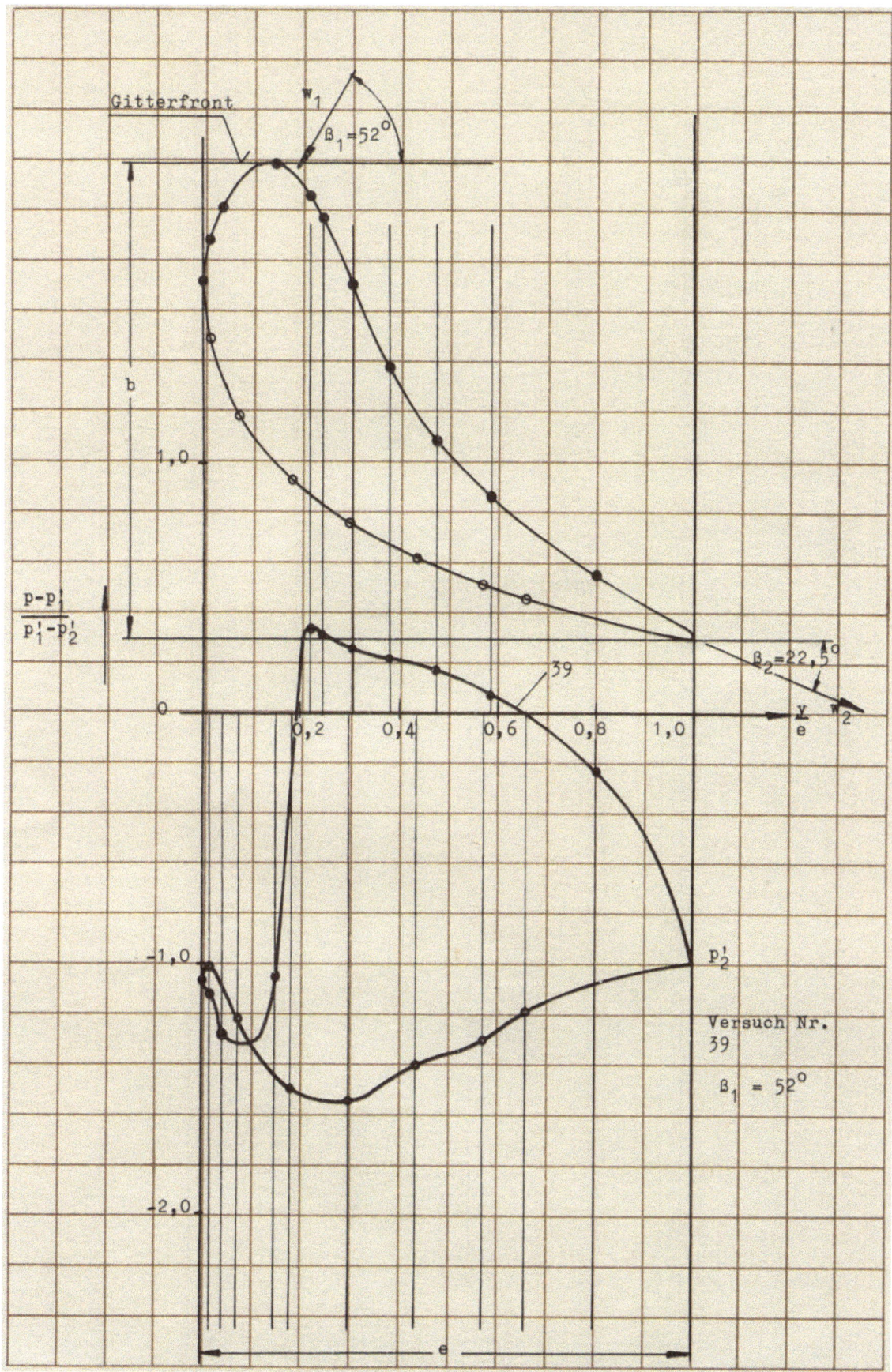

Abbildung 93
Ebenes Schaufelgitter $\frac{t}{l} = 0{,}79$ $\beta_s = 48°$
Druckverteilung zur Ermittlung der Schubkraftbeiwerte c'_s

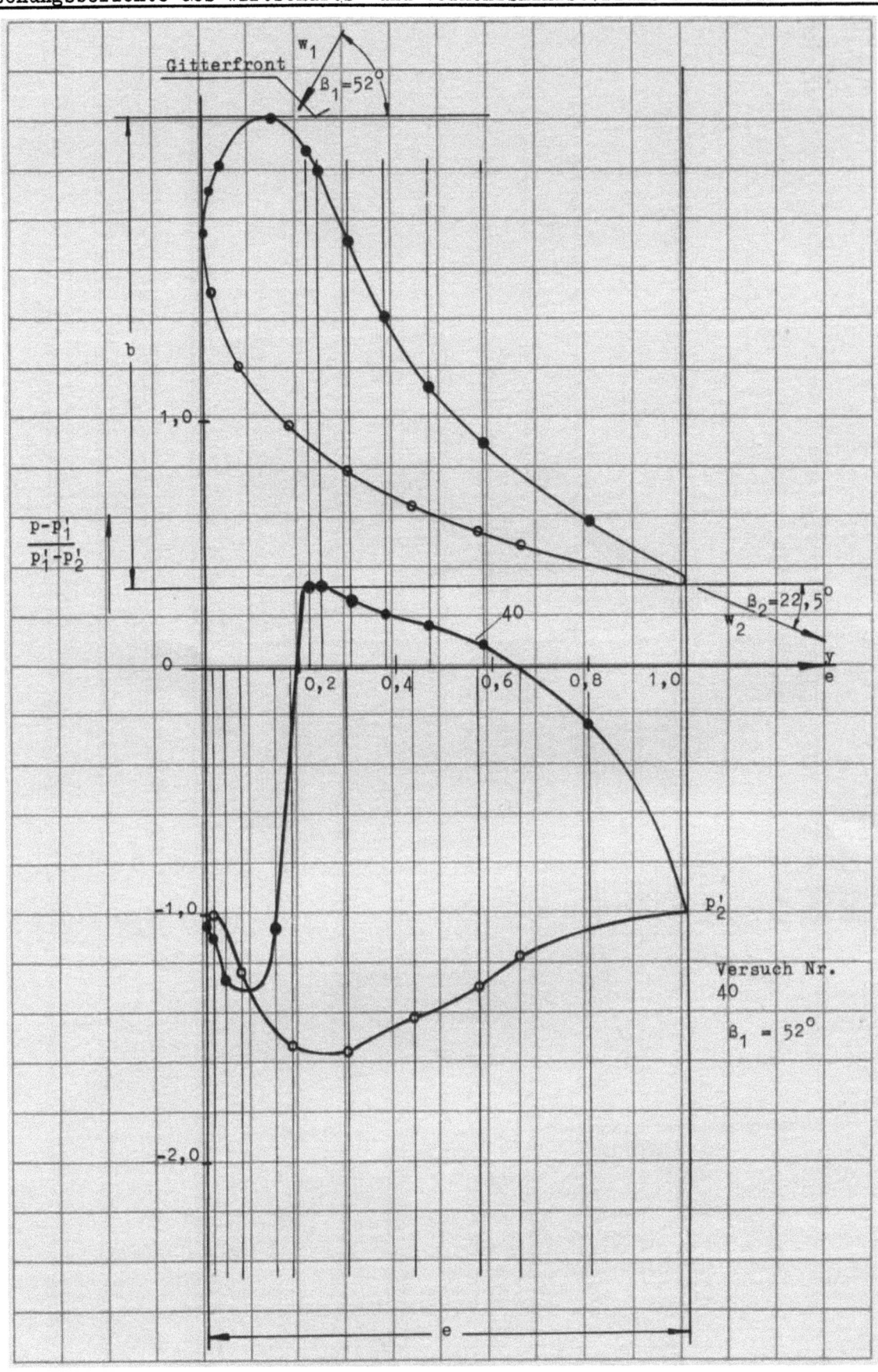

Abbildung 94

Ebenes Schaufelgitter $\frac{t}{l} = 0,79$ $\beta_s = 48°$

Druckverteilung zur Ermittlung der Schubkraftbeiwerte c'_s

Forschungsberichte des Wirtschafts- und Verkehrsministeriums Nordrhein Westfalen

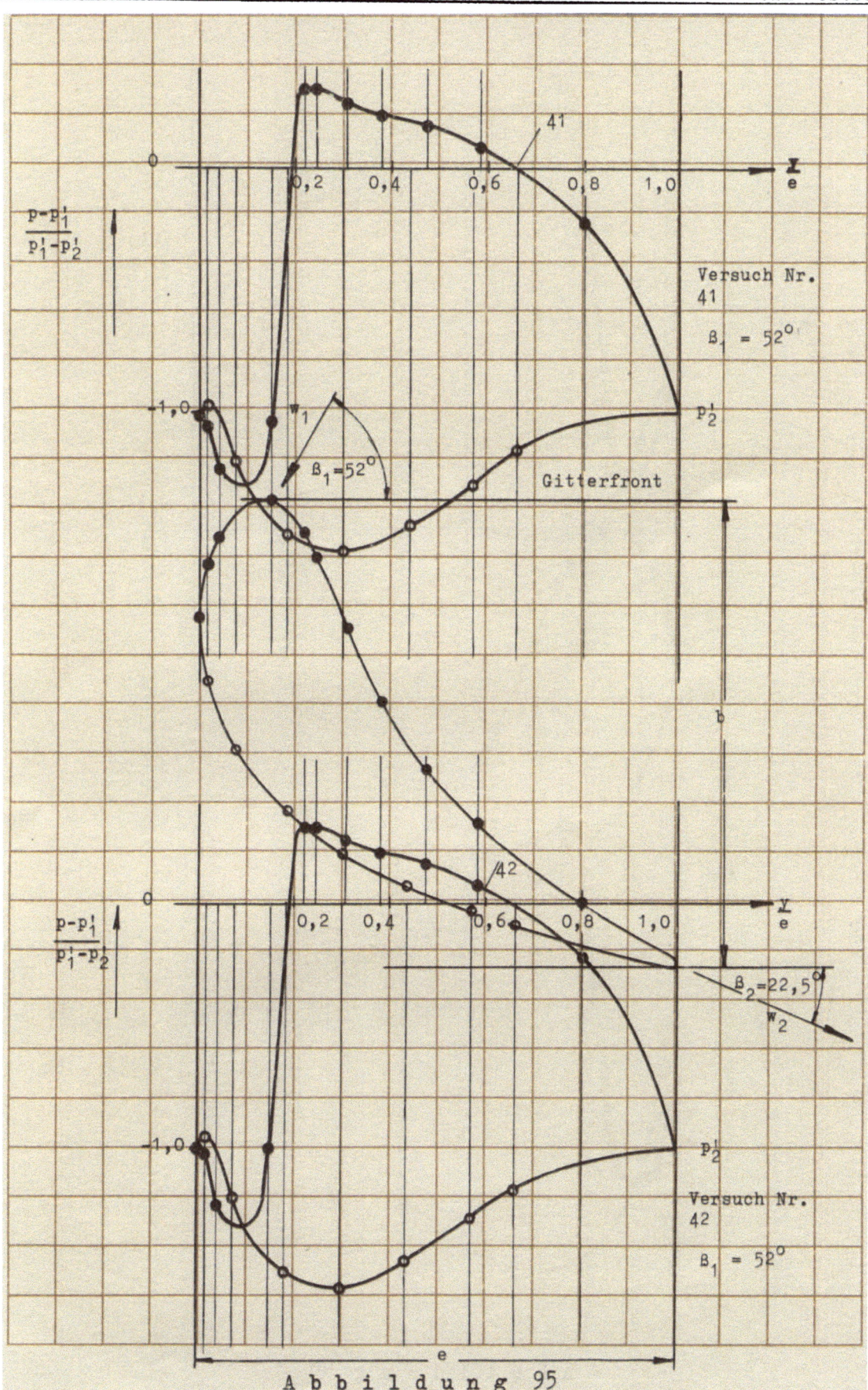

Abbildung 95

Ebenes Schaufelgitter $\frac{t}{l} = 0{,}79$ $\beta_s = 48°$

Druckverteilung zur Ermittlung der Schubkraftbeiwerte c'_s

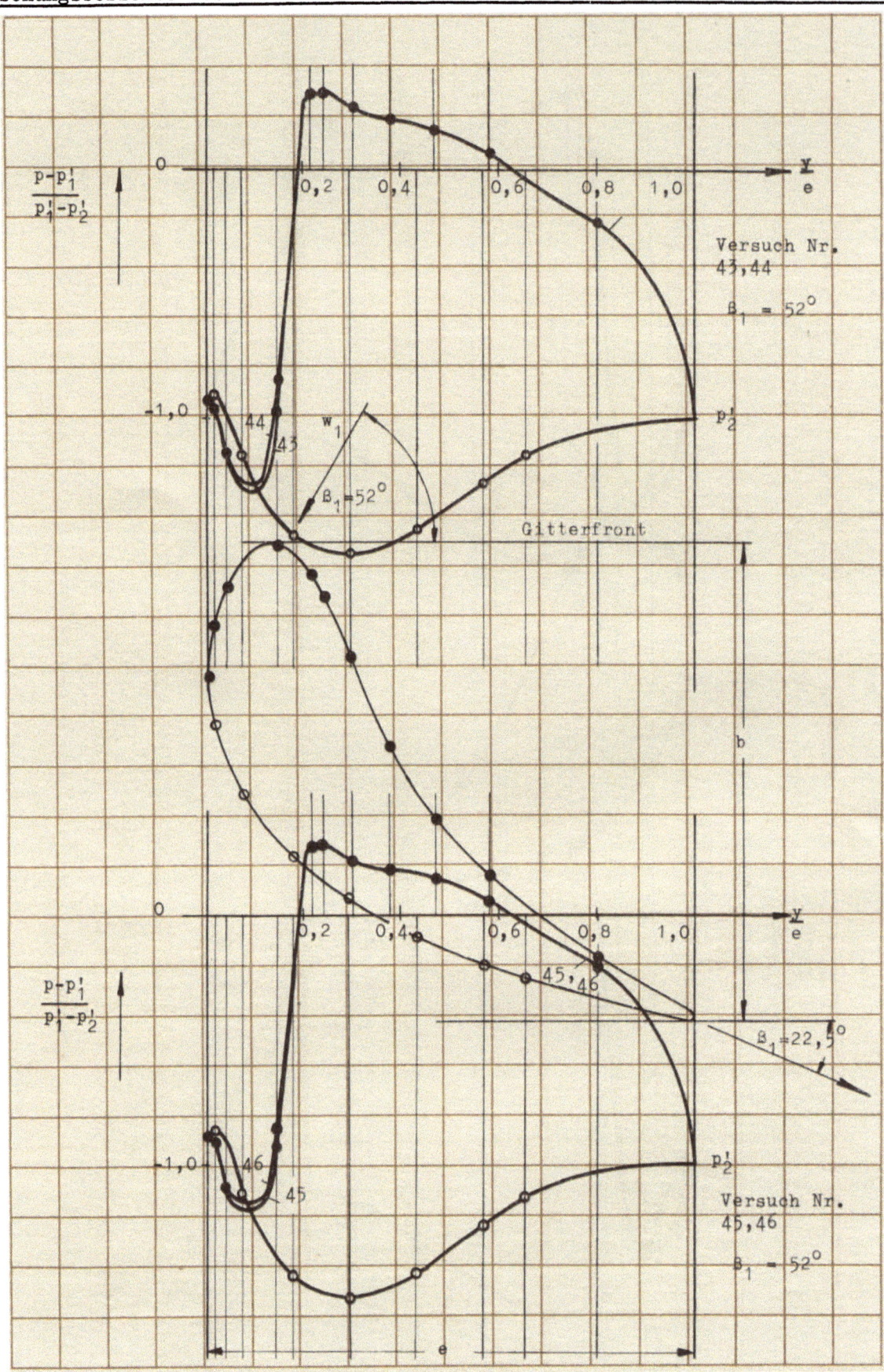

Abbildung 96
Ebenes Schaufelgitter $\frac{t}{l} = 0,79$ $\beta_s = 48°$
Druckverteilung zur Ermittlung der Schubkraftbeiwerte c'_s

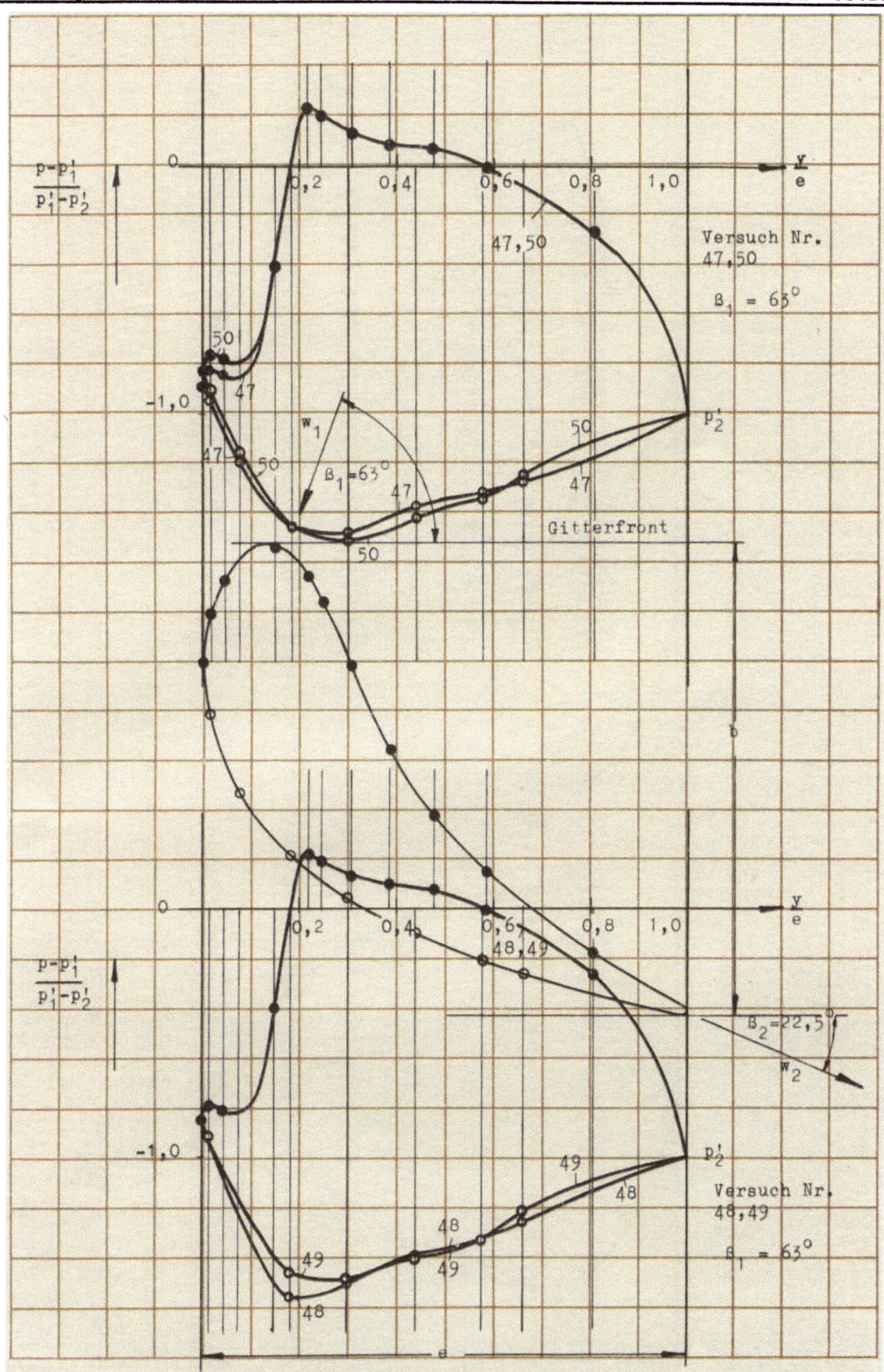

Abbildung 97
Ebenes Schaufelgitter $\frac{t}{l} = 0{,}79$ $\beta_s = 48°$
Druckverteilung zur Ermittlung der Schubkraftbeiwerte c'_s

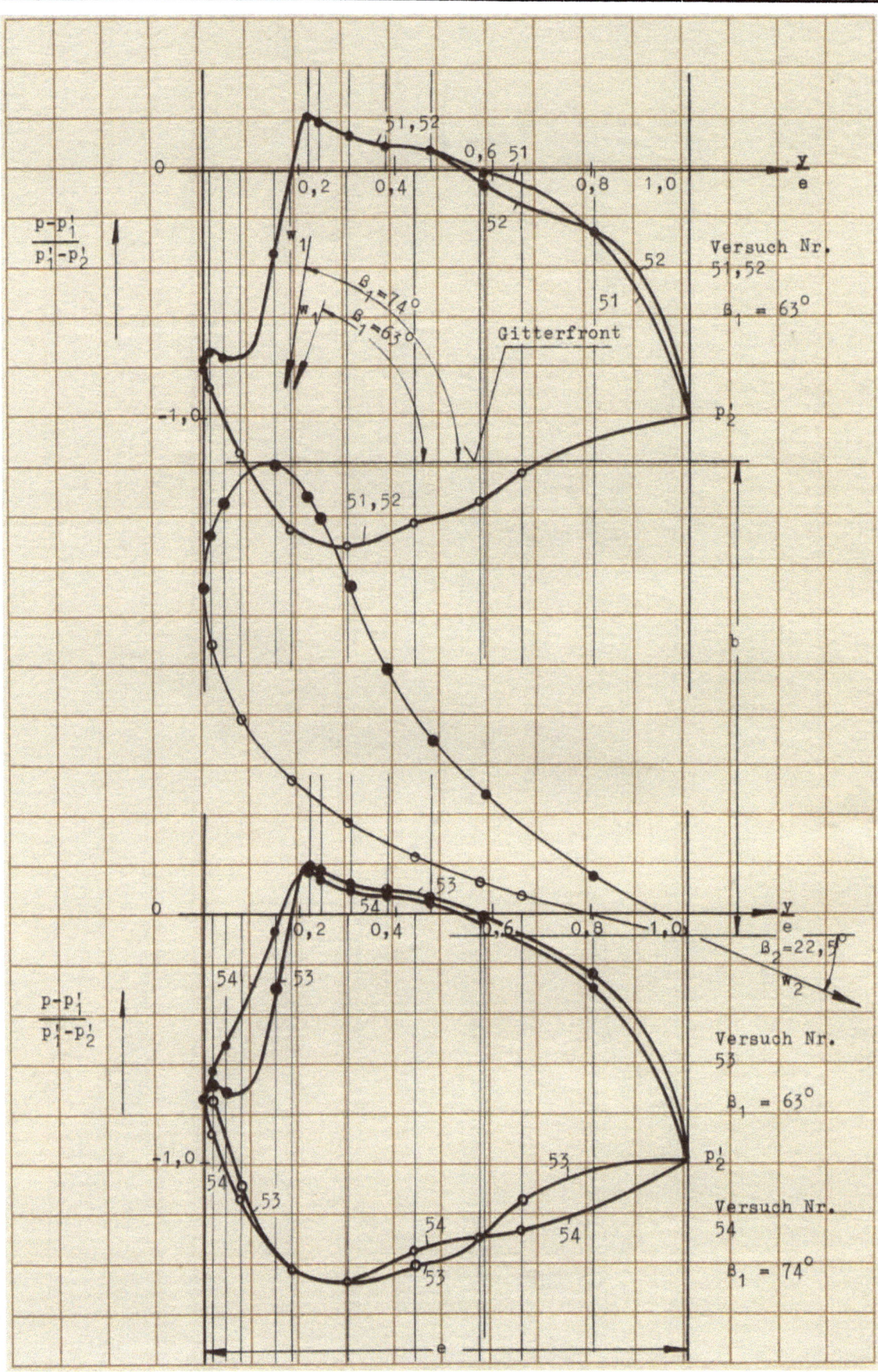

Abbildung 98
Ebenes Schaufelgitter $\frac{t}{l} = 0,79$ $\beta_s = 48°$
Druckverteilung zur Ermittlung der Schubkraftbeiwerte c'_s

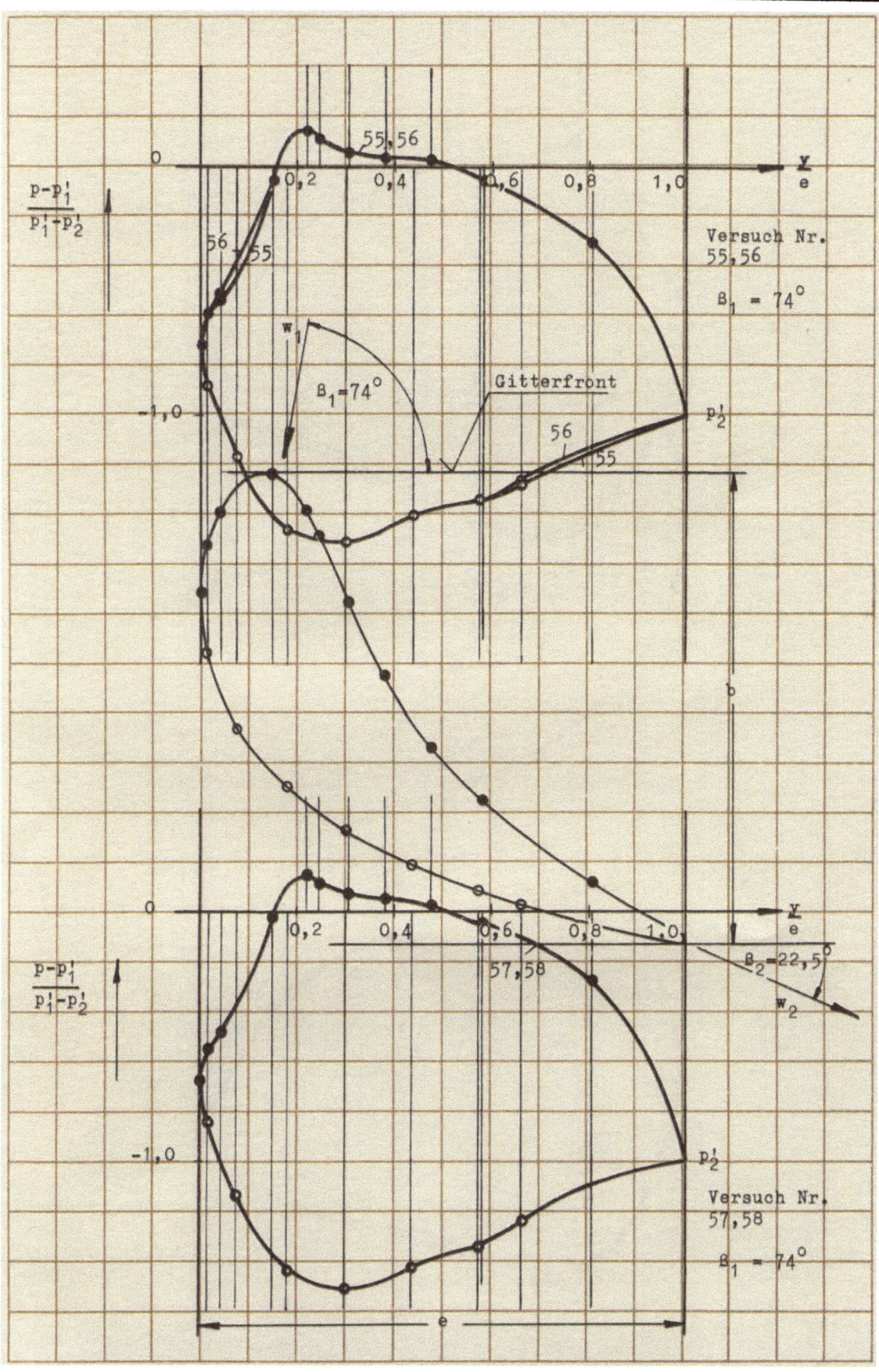

Abbildung 99
Ebenes Schaufelgitter $\frac{t}{l} = 0{,}79$ $\beta_s = 48°$
Druckverteilung zur Ermittlung der Schubkraftbeiwerte c'_s

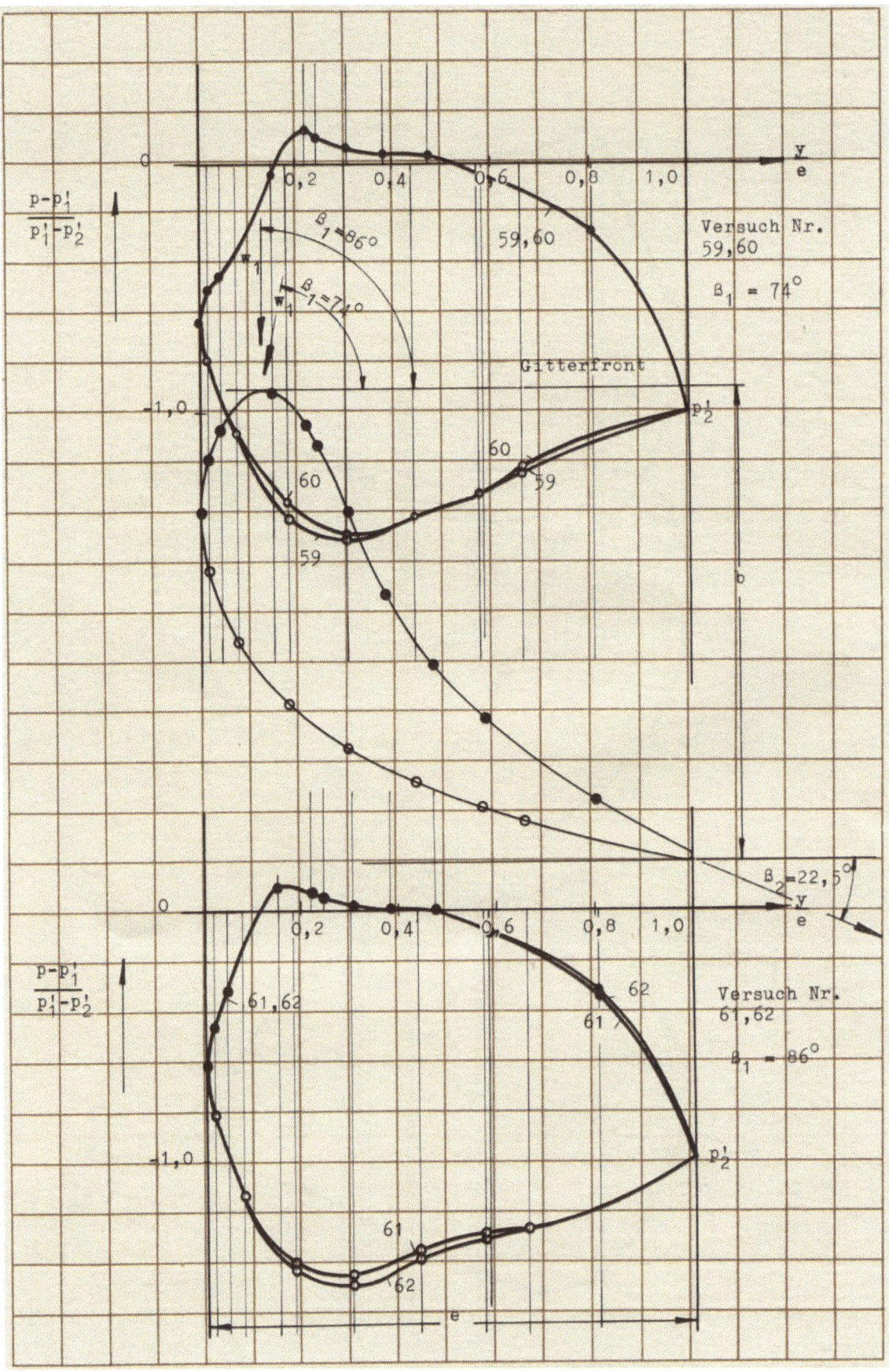

Abbildung 100
Ebenes Schaufelgitter $\frac{t}{l} = 0{,}79$ $\beta_s = 48°$
Druckverteilung zur Ermittlung der Schubkraftbeiwerte c'_s

Forschungsberichte des Wirtschafts- und Verkehrsministeriums Nordrhein Westfalen

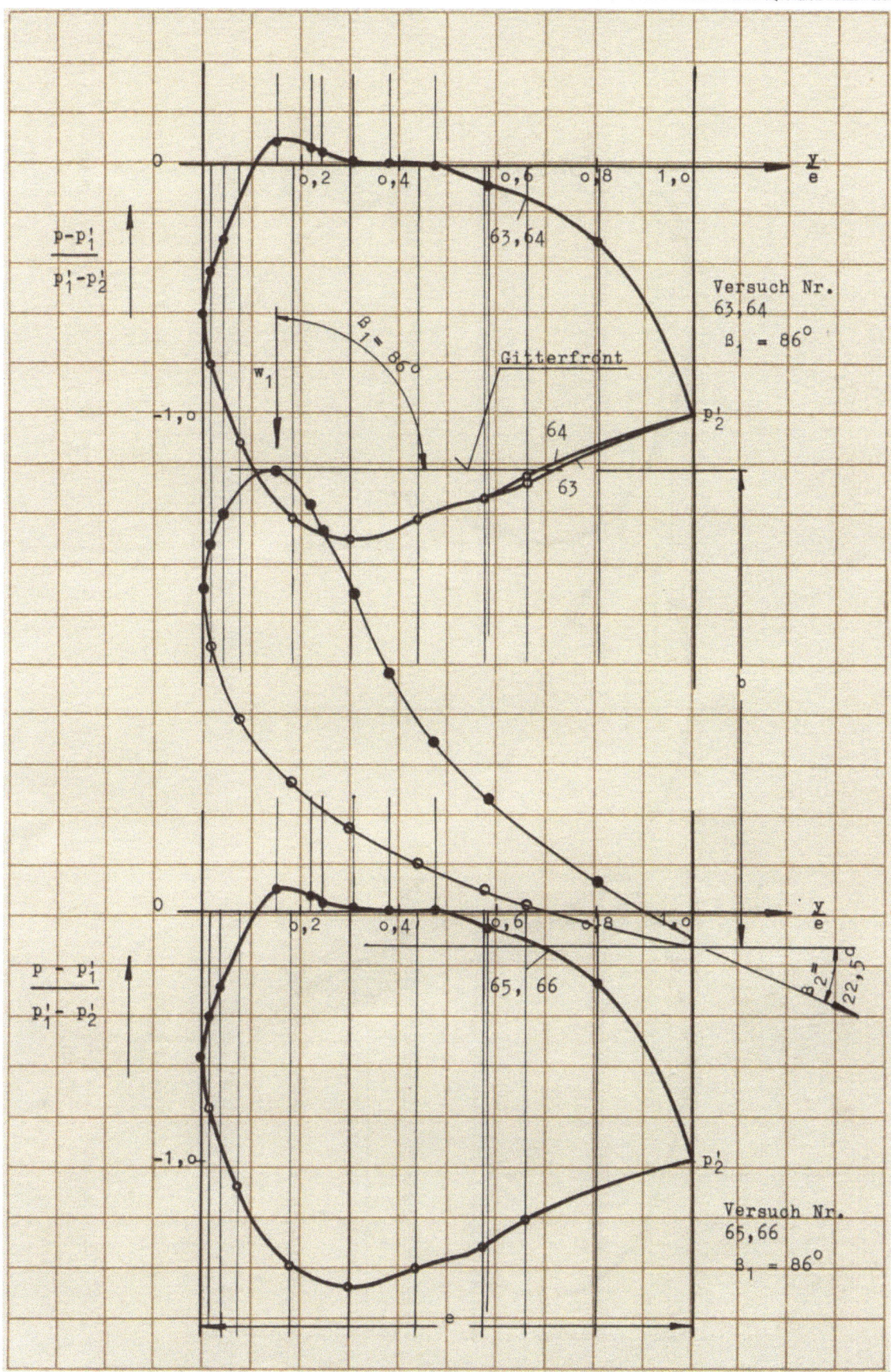

Abbildung 101
Ebenes Schaufelgitter $\frac{t}{l} = 0{,}79$ $\beta_s = 48°$
Druckverteilung zur Ermittlung der Schubkraftbeiwerte c'_s

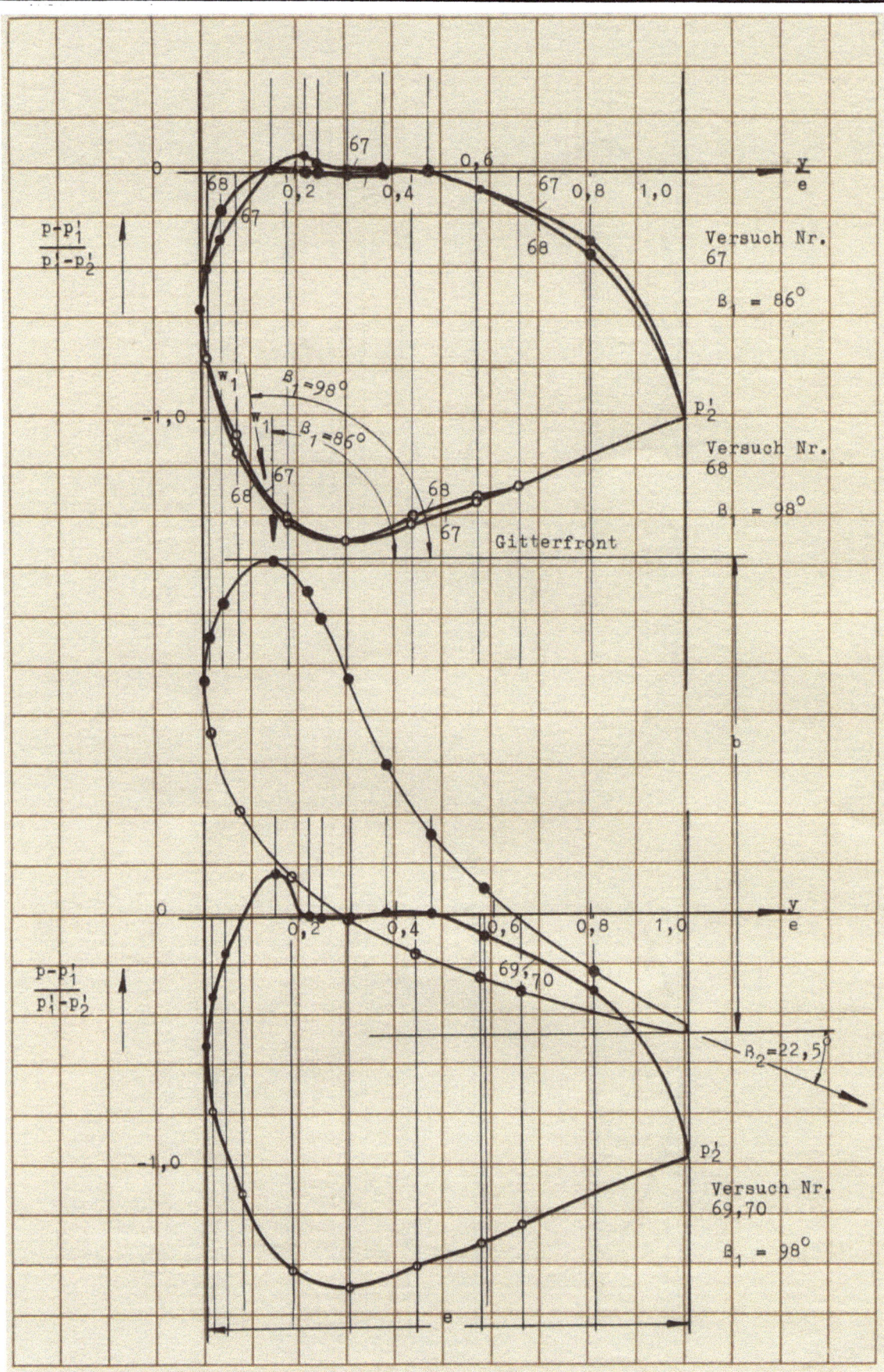

Abbildung 102
Ebenes Schaufelgitter $\frac{t}{l} = 0{,}79$ $\beta_s = 48°$
Druckverteilung zur Ermittlung der Schubkraftbeiwerte c'_s

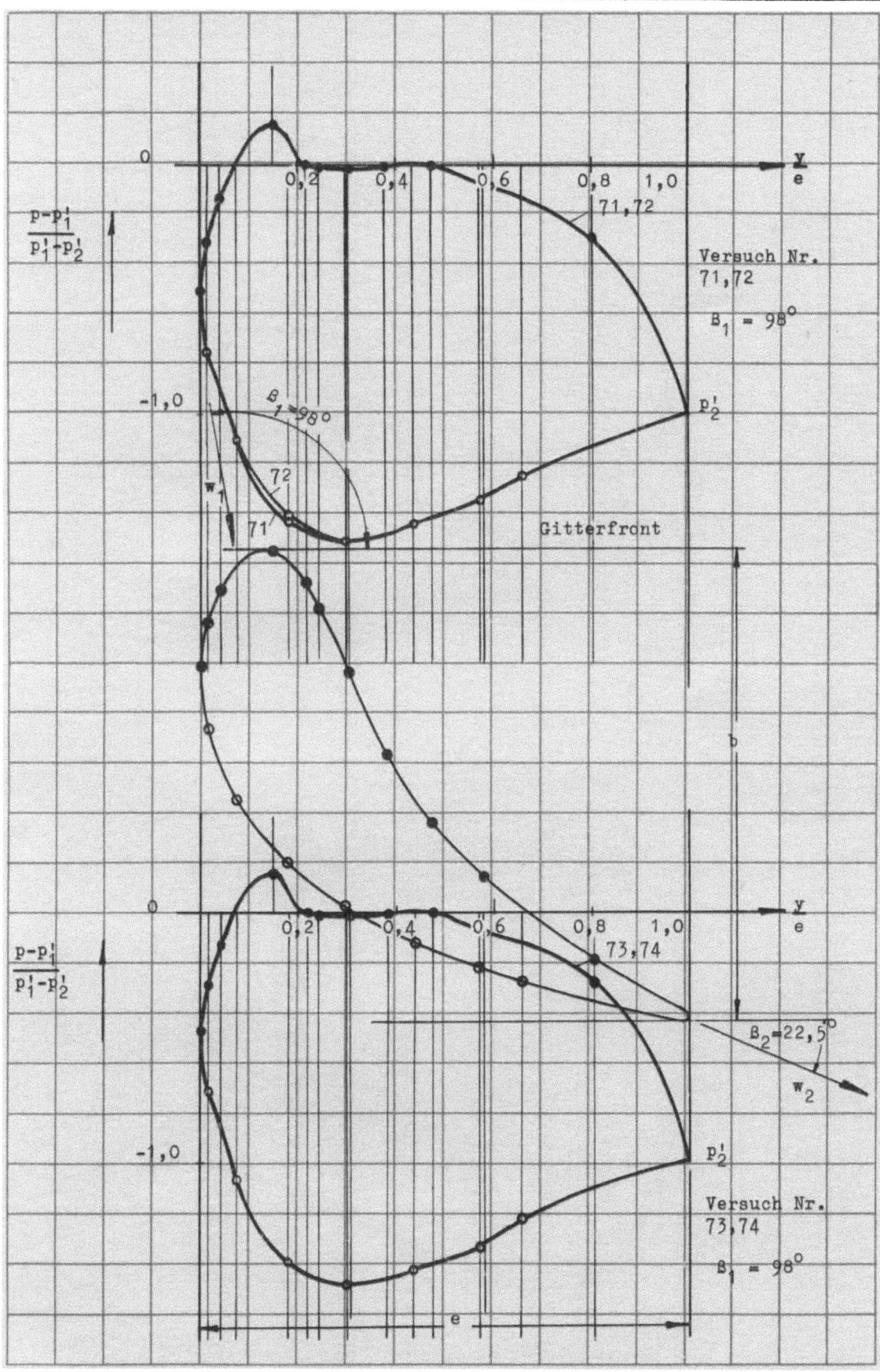

Abbildung 103

Ebenes Schaufelgitter $\frac{t}{l} = 0{,}79$ $\beta_s = 48°$

Druckverteilung zur Ermittlung der Schubkraftbeiwerte c'_s

Forschungsberichte des Wirtschafts- und Verkehrsministeriums Nordrhein Westfalen

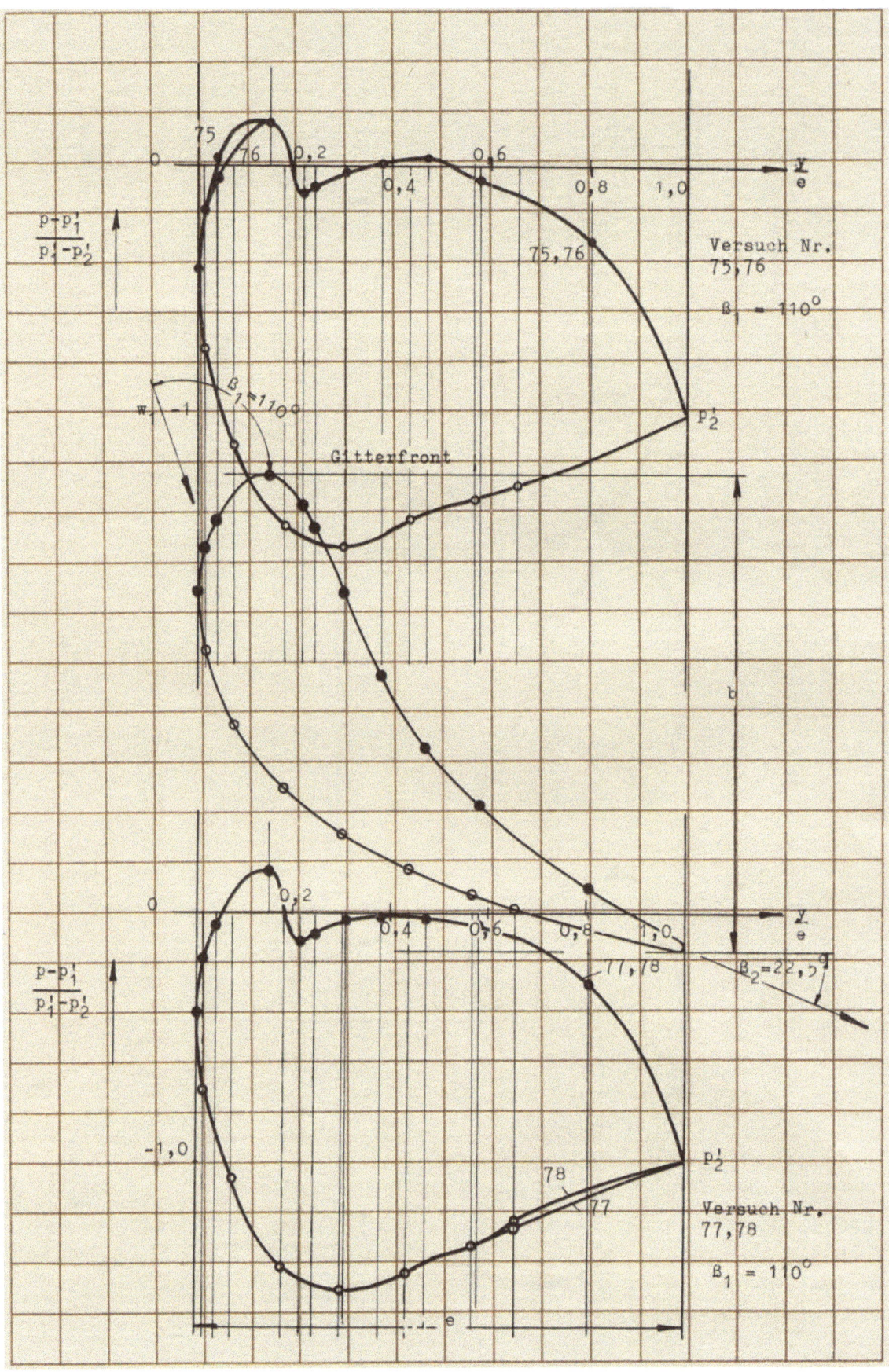

Abbildung 104

Ebenes Schaufelgitter $\frac{t}{l} = 0,79$ $\beta_s = 48°$

Druckverteilung zur Ermittlung der Schubkraftbeiwerte c'_s

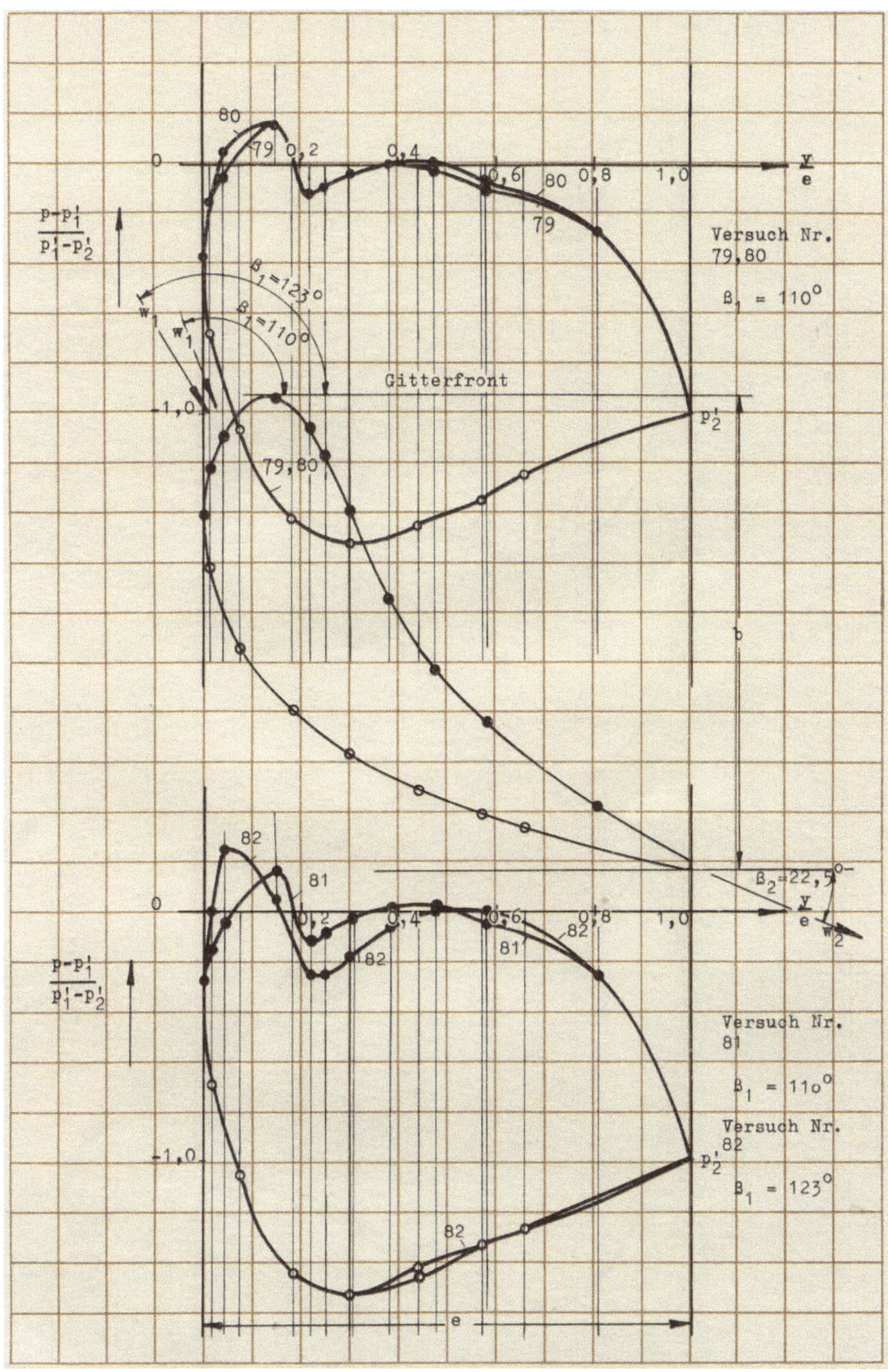

Abbildung 105
Ebenes Schaufelgitter $\frac{t}{l} = 0,79$ $\beta_s = 48°$
Druckverteilung zur Ermittlung der Schubkraftbeiwerte c'_s

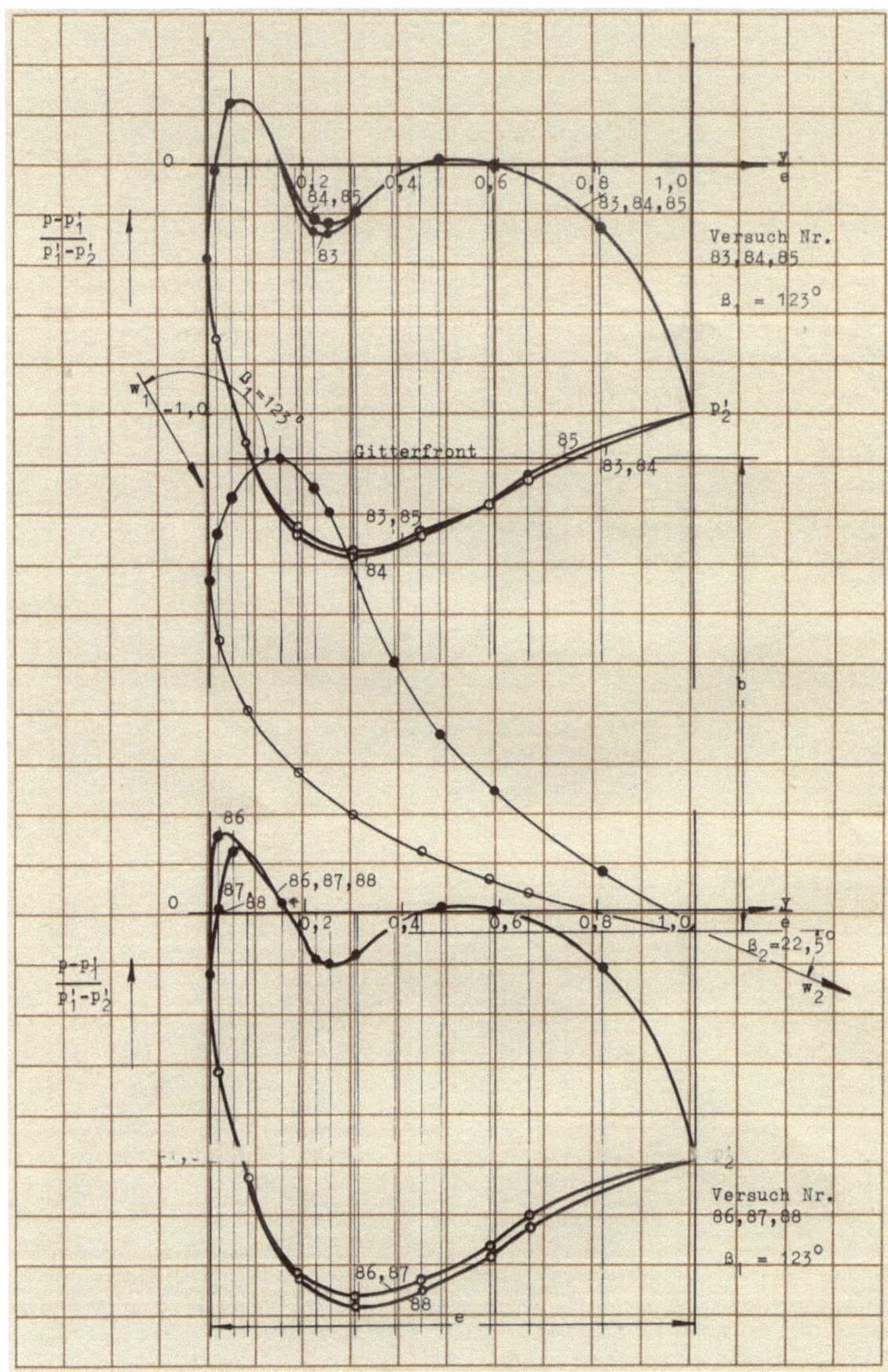

Abbildung 106
Ebenes Schaufelgitter $\frac{t}{l} = 0,79$ $\beta_s = 48°$
Druckverteilung zur Ermittlung der Schubkraftbeiwerte c'_s

Winkel β_1	Vs. Nr.	Schub- und Umfangskraft					Re - Zahl			
		1	2	3	4	5	6	7	8	9
		$c'_{u\text{örtl.}}$	U	$c'_{s\text{örtl.}}$	S	R	$\sin \beta_\infty$	β_∞	w_∞	Re
			kg/m		kg/m	kg/m			m/s	$\times 10^3$
18°	15	2,506	4,643	1,201	2,571	5,307	0,8760	61,17	15,72	36,67
	16	2,407	10,09	1,231	5,404	11,44	0,8816	61,83	23,35	54,49
	17	2,360	15,46	1,202	8,282	17,54	0,8816	61,83	29,21	68,17
	18	2,267	19,47	1,248	11,27	22,50	0,8656	59,95	34,24	79,90
	19	2,305	19,55	1,208	10,78	22,32	0,8759	61,15	34,72	81,03
	20	2,221	23,07	1,209	13,21	26,58	0,8683	60,27	37,96	88,59
	21	2,144	26,19	1,211	15,53	30,46	0,8600	59,32	40,66	94,88
22°	22	2,064	3,933	1,081	2,165	4,489	0,8760	61,17	16,19	37,79
	23	1,918	11,46	1,065	6,691	13,27	0,8635	59,72	40,75	95,10
	24	1,887	16,21	1,057	9,544	18,81	0,8616	59,50	33,69	78,62
	25	1,894	21,80	1,076	13,02	25,39	0,8587	59,17	38,85	90,66
	26	1,856	27,08	1,058	16,23	31,57	0,8576	59,05	43,40	101,3
	27	1,804	29,39	1,069	18,30	34,62	0,8489	58,09	45,83	107,0
31,5°	28	1,542	5,719	0,987	3,845	6,891	0,8299	56,09	23,09	53,88
	29	1,483	12,16	0,9776	8,650	14,92	0,8148	54,56	33,99	79,31
	30	1,515	18,27	1,004	12,73	22,27	0,8205	55,14	40,97	95,62
	31	1,479	24,13	0,992	17,01	29,52	0,8173	54,81	46,93	109,5
	32	1,436	29,38	0,958	20,61	25,89	0,8187	54,96	52,32	122,1
	33	1,408	35,64	0,994	26,45	44,38	0,8032	53,43	58,15	135,7
41,5°	34	1,466	8,267	0,934	5,537	9,950	0,8308	56,19	27,38	63,89
	35	1,452	17,32	0,916	11,49	20,79	0,8332	46,44	39,13	91,31
	36	1,395	23,48	0,948	16,78	28,92	0,8136	45,45	47,32	110,4
	37	1,349	30,25	0,933	21,39	37,40	0,8088	53,98	54,31	126,7
	38	1,348	31,56	0,941	23,15	39,15	0,863	53,74	55,09	128,6
52°	39	1,285	3,722	1,029	3,133	4,865	0,7651	49,91	26,78	48,48
	40	1,274	5,452	1,033	4,735	7,297	0,7608	49,54	25,33	59,11
	41	1,260	11,48	1,031	9,870	15,14	0,7581	49,30	37,35	87,16
	42	1,228	15,74	1,028	13,86	20,97	0,7505	48,64	43,84	102,3
	43	1,201	20,93	1,028	18,84	28,16	0,7432	48,01	50,94	118,9
	44	1,167	24,19	1,032	22,46	33,01	0,7327	47,12	56,81	132,6
	45	1,168	29,81	1,023	27,48	40,54	0,7377	47,32	61,03	142,4
	46	1,140	32,63	1,019	30,67	44,79	0,7286	46,77	65,08	151,9

Winkel β_1	Vs. Nr.	Schub- und Umfangskraft					Re - Zahl			
		1	2	3	4	5	6	7	8	9
		$c'_{u\text{örtl.}}$	u	$c'_{s\text{örtl.}}$	S	R	$\sin \beta_\infty$	β_∞	w_∞	Re
			kg/m		kg/m	kg/m			m/s	$\times 10^3$
63°	47	1,093	5,53	1,074	5,717	7,958	0,6957	44,08	29,81	69,56
	48	1,085	10,06	1,087	10,59	14,60	0,6888	43,53	40,36	94,19
	49	1,083	15,18	1,063	15,66	21,81	0,6966	44,11	48,30	112,7
	50	1,066	19,52	1,075	20,71	28,46	0,6860	43,31	55,61	129,8
	51	1,054	23,68	1,071	25,31	34,66	0,6833	43,10	61,49	143,5
	52	1,022	27,74	1,057	30,12	40,95	0,6772	42,64	67,14	156,7
	53	1,000	30,95	1,075	34,84	46,60	0,6641	41,61	71,87	167,7
74°	54	0,9798	4,449	1,083	5,171	6,822	0,6523	40,71	29,77	69,48
	55	0,9514	9,014	1,102	10,98	14,36	0,6346	39,39	43,41	101,3
	56	0,9604	13,29	1,104	16,05	20,84	0,6375	39,61	52,13	121,7
	57	0,9404	17,18	1,087	20,88	27,04	0,6354	39,45	60,30	140,7
	58	0,9440	20,82	1,102	25,55	32,96	0,6316	39,17	65,18	152,1
	59	0,9202	25,41	1,097	31,85	40,74	0,6238	38,59	72,80	169,9
	60	0,8944	28,83	1,076	35,52	45,74	0,6301	39,06	75,43	176,0
86°	61	0,8636	4,238	1,084	5,592	7,016	0,6039	37,15	32,97	76,94
	62	0,8866	8,469	1,106	11,11	13,97	0,6061	37,31	45,14	105,4
	63	0,879	12,46	1,104	16,45	20,63	0,6038	37,14	54,80	127,9
	64	0,8556	15,68	1,091	21,02	26,22	0,5979	36,72	62,56	146,0
	65	0,854	19,82	1,093	26,66	33,22	0,5965	36,62	69,69	162,5
	66	0,8338	23,48	1,093	32,36	39,98	0,5875	35,96	76,89	179,4
	67	0,8316	26,18	1,089	36,34	44,78	0,5845	35,77	80,90	181,8
98°	68	0,8112	7,851	1,080	5,601	9,645	0,8141	54,50	25,26	58,95
	69	0,8386	8,033	1,112	11,20	13,78	0,5828	35,65	48,12	112,3
	70	0,8000	11,15	1,107	16,19	13,67	0,5671	34,55	58,06	135,5
	71	0,7954	14,78	1,119	21,86	28,22	0,5601	34,06	67,47	157,5
	72	0,7911	17,89	1,106	26,18	31,71	0,5664	34,34	73,35	171,2
	73	0,7836	31,82	1,109	32,48	39,14	0,5575	33,89	81,23	189,6
	74	0,7802	24,09	1,101	35,75	43,11	0,5587	33,97	84,35	196,9
110°	75	0,7528	3,596	1,136	5,702	6,742	0,5334	32,23	39,23	91,54
	76	0,7554	6,565	1,135	10,37	12,27	0,5349	32,34	50,62	118,1
	77	0,7398	9,712	1,122	15,49	18,29	0,5313	32,09	61,33	143,1
	78	0,7420	13,40	1,111	21,09	24,99	0,5363	32,43	71,00	165,7

Winkel β_1	Vs. Nr.	Schub- und Umfangskraft					Re - Zahl			
		1	2	3	4	5	6	7	8	9
		$c'_{u\text{örtl.}}$	u	$c'_{s\text{örtl.}}$	S	R	$\sin \beta_\infty$	β_∞	w_∞	Re
			kg/m		kg/m	kg/m			m/s	$\times 10^3$
110°	79	0,7342	15,96	1,111	25,39	29,99	0,5323	32,16	76,52	178,6
	80	0,7360	18,90	1,122	30,30	35,71	0,5147	30,98	86,40	201,6
	81	0,7464	21,99	1,135	35,17	41,48	0,5302	32,02	88,60	206,8
123°	82	0,6584	2,750	1,134	4,980	5,689	0,4834	28,91	41,05	95,79
	83	0,6574	5,371	1,133	9,729	11,12	0,4833	28,90	56,19	131,1
	84	0,6686	8,272	1,152	14,98	17,17	0,4833	28,90	68,16	159,1
	85	0,6564	10,91	1,131	20,31	23,05	0,4733	28,25	79,93	186,5
	86	0,6508	13,27	1,141	24,46	27,83	0,4766	28,47	87,77	204,8
	87	0,6594	16,16	1,153	29,70	33,81	0,4779	28,55	94,72	229,1
	88	0,6708	17,93	1,169	32,84	37,41	0,4792	28,63	98,42	229,7

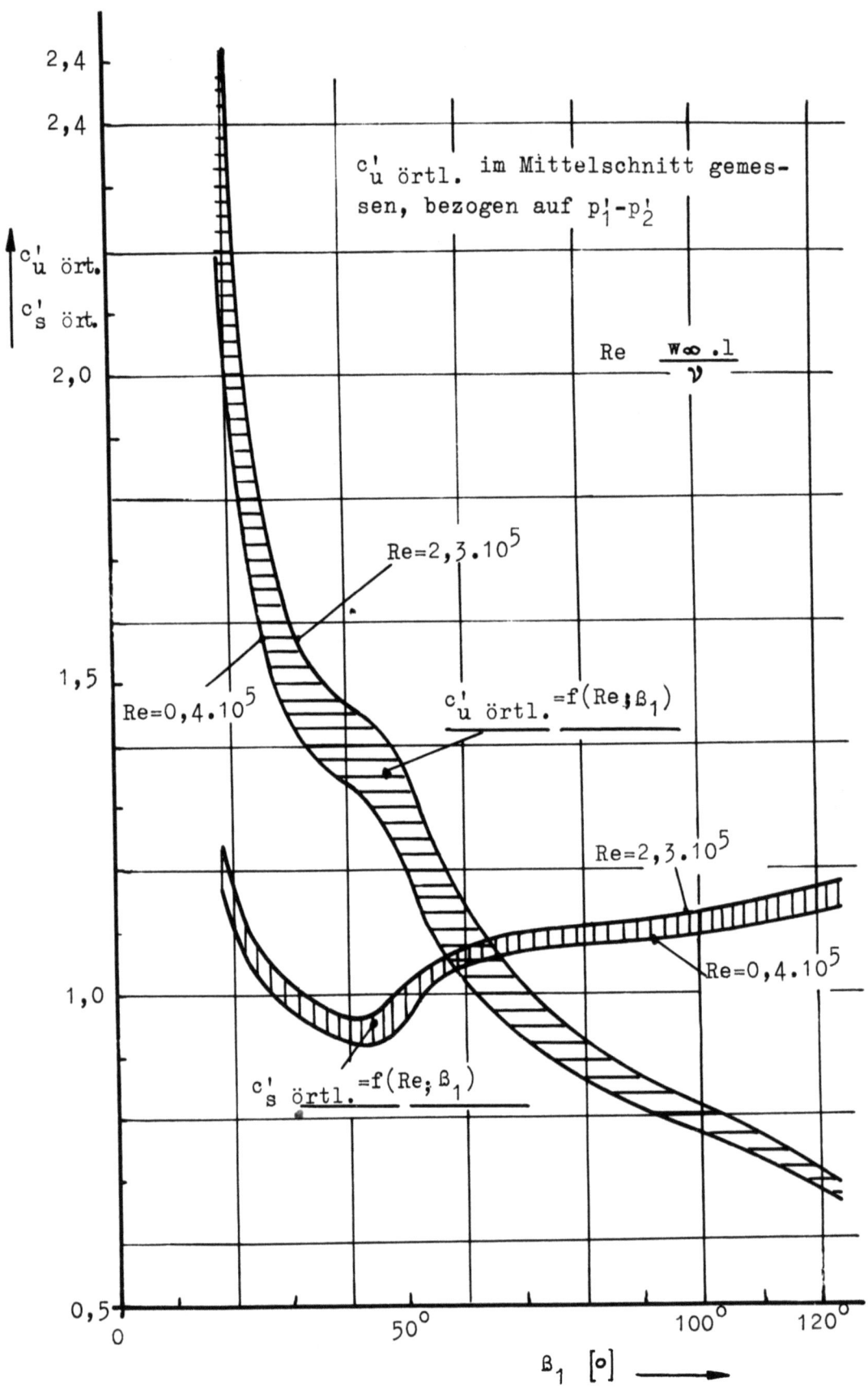

Abbildung 107

Der Streubereich der Umfangs- und Schubkraftbeiwerte für verschiedene Reynoldszahlen und Anströmrichtungen

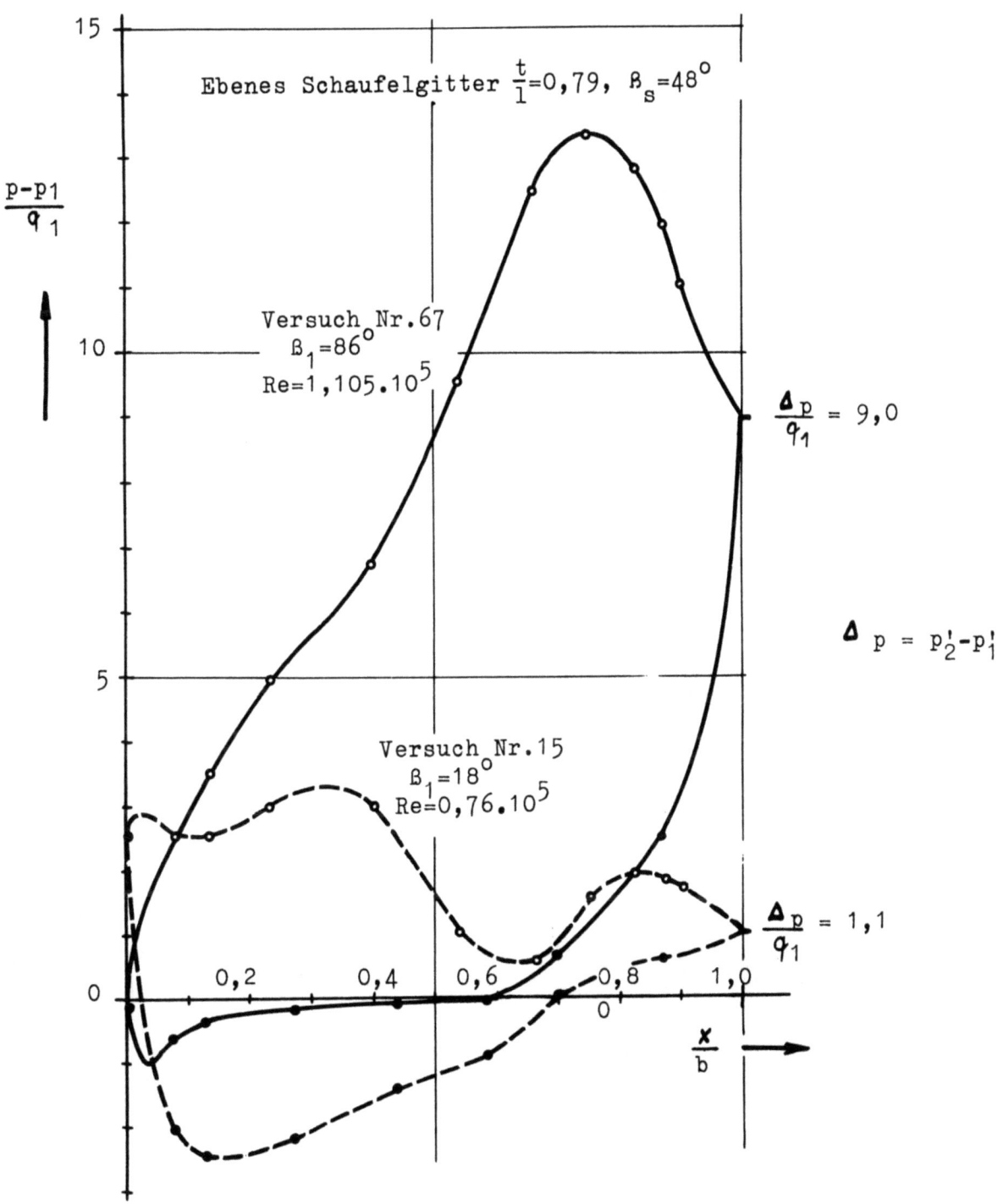

A b b i l d u n g 108

Druckverteilung für die Zuströmrichtungen $\beta_1=18°$ und $\beta_1=86°$, bezogen auf den Staudruck der Anströmgeschwindigkeit $q_1 = \vartheta/2 \cdot w_1^2$

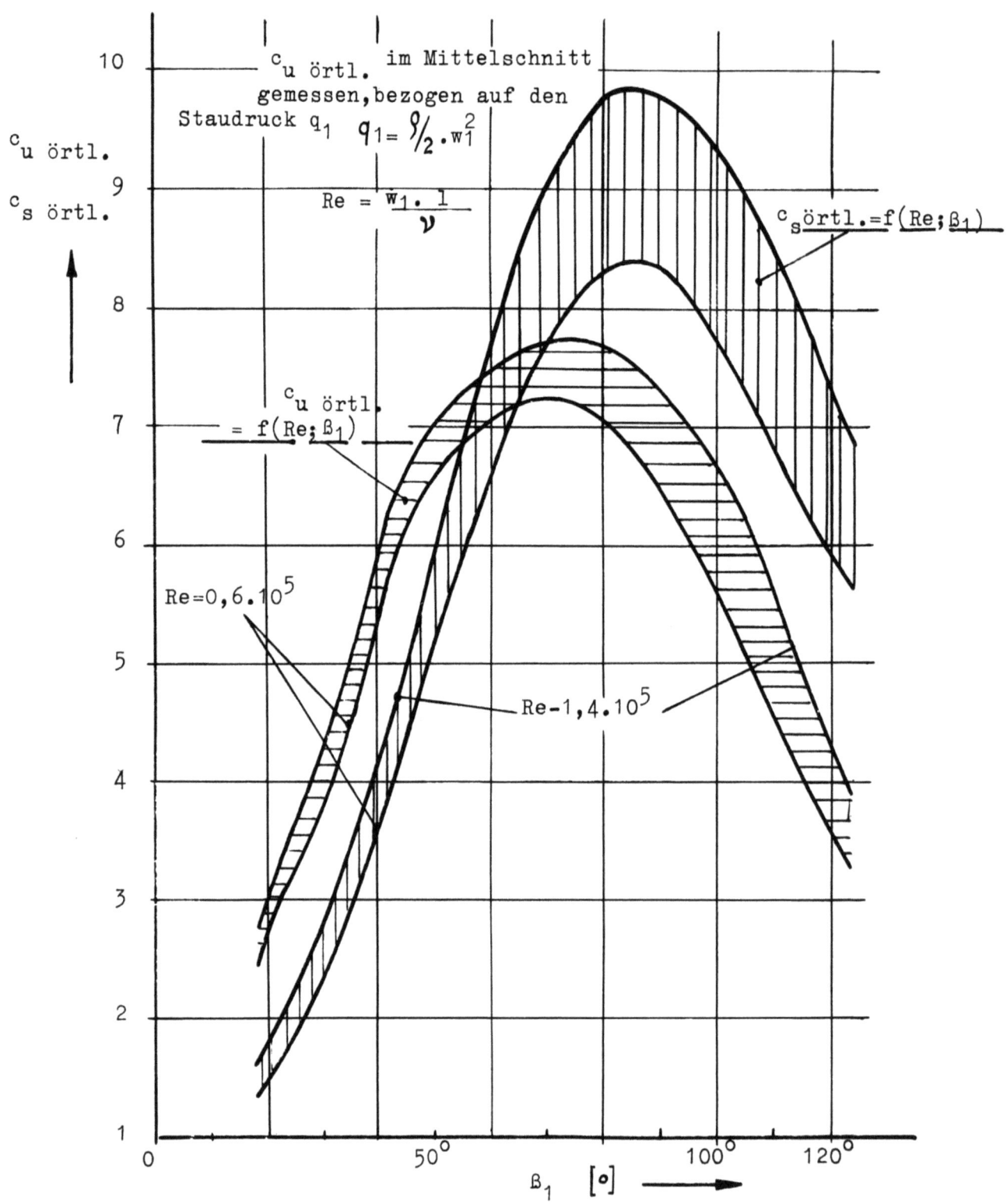

Abbildung 109

Der Streubereich der Umfangs- und Schubkraftbeiwerte für verschiedene Reynoldszahlen und Anströmrichtungen

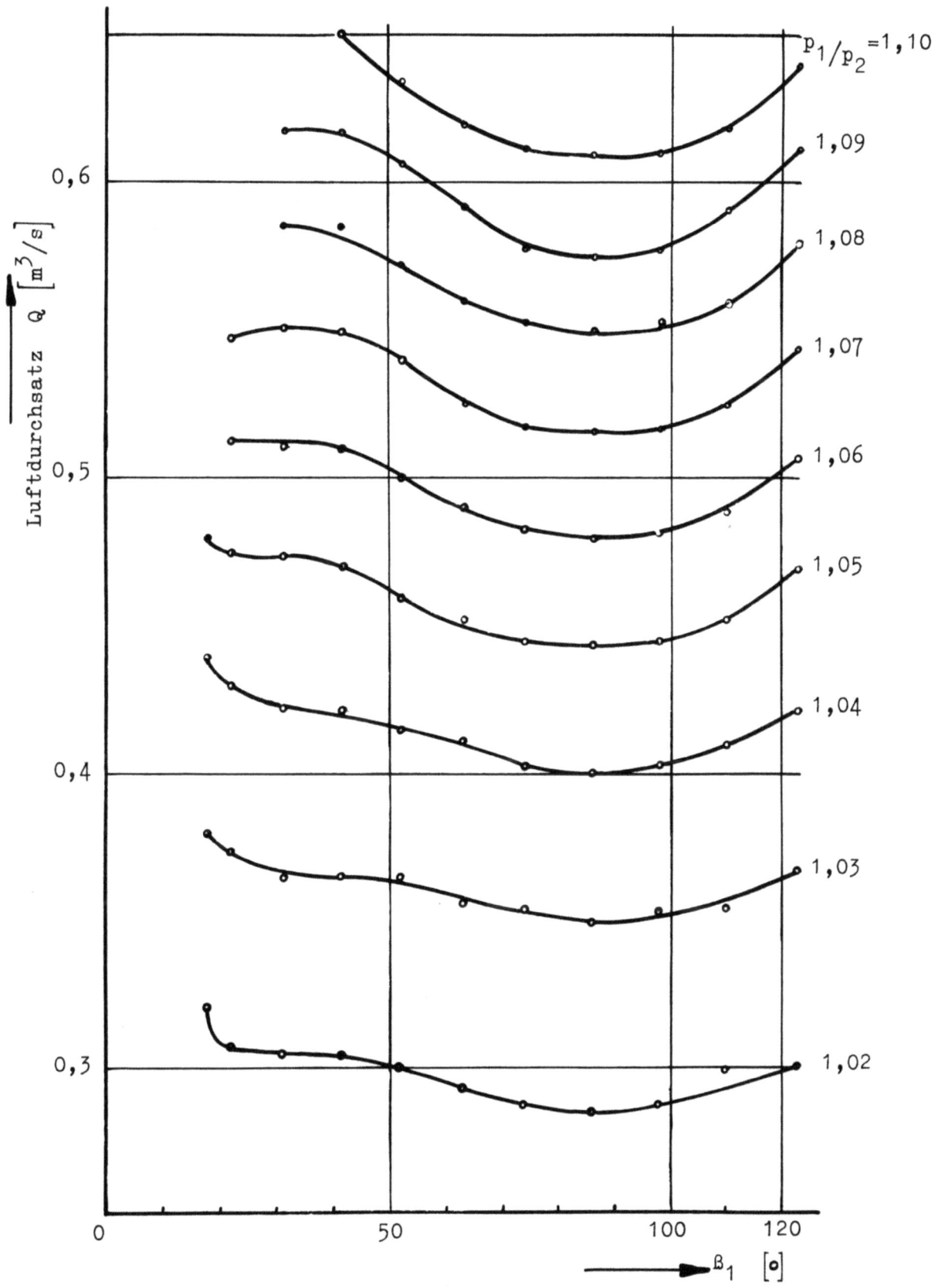

Abbildung 11o

Gemessene Durchsatzmenge Q für das ebene Gitter, abhängig vom Zuströmwinkel β_1 und vom Druckverhältnis p_1/p_2

Forschungsberichte des Wirtschafts- und Verkehrsministeriums Nordrhein Westfalen

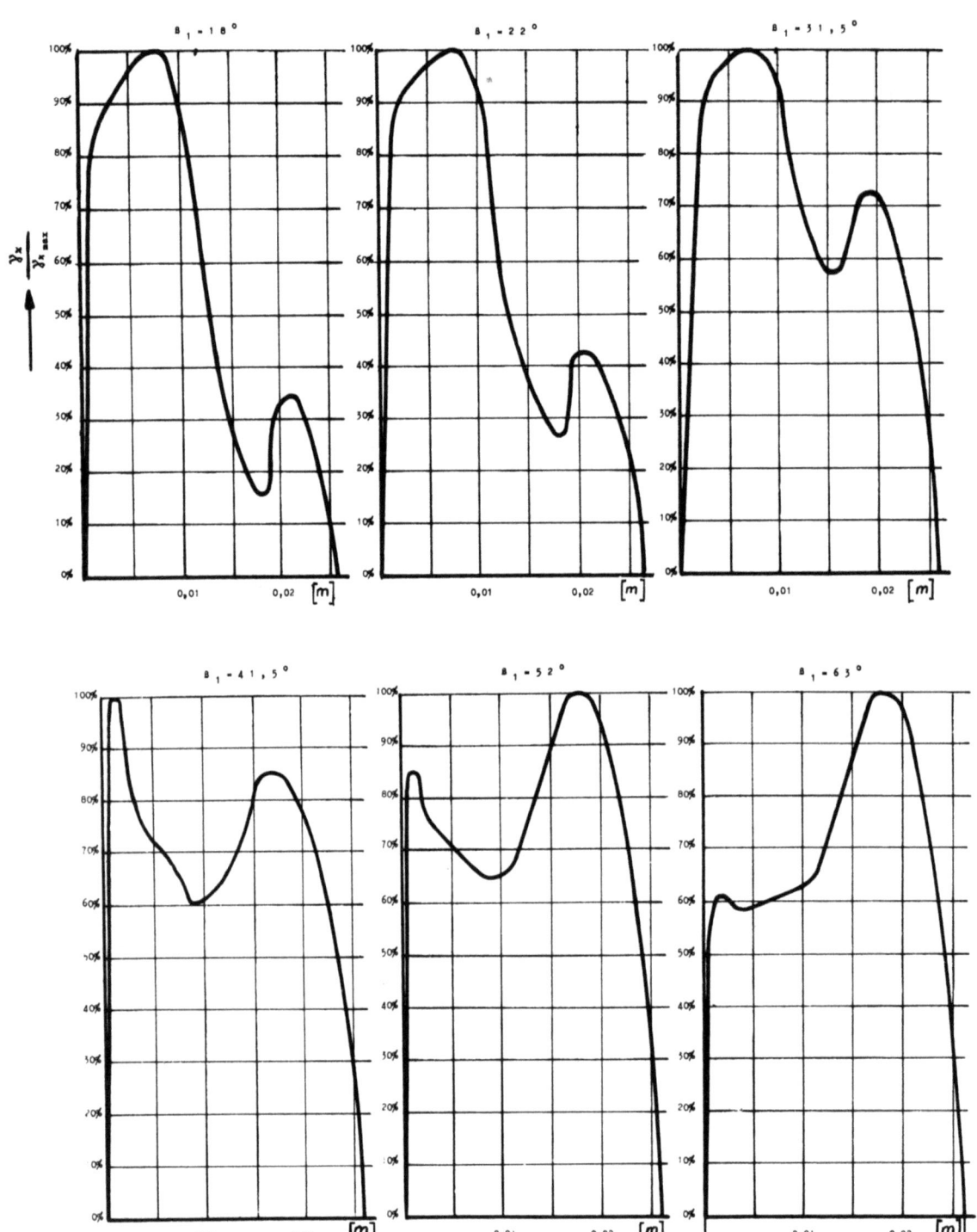

Abbildung 111

Die Zirkulationsverteilung längs der Schaufelbreite
aus der Druckverteilung ermittelt

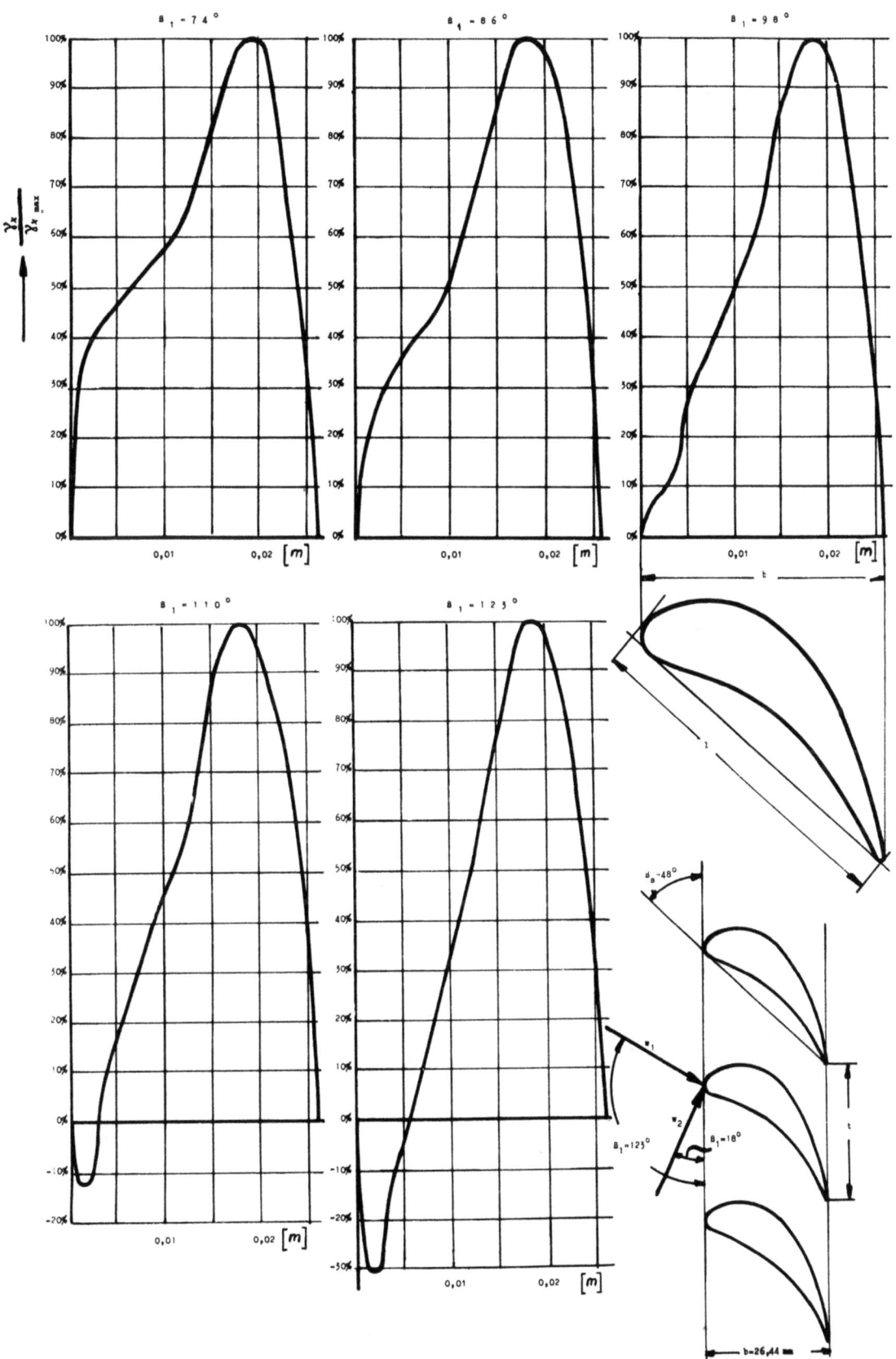

Literaturverzeichnis

1	K. CHRISTIANI	Experimentelle Untersuchung eines Tragflügelprofils bei Gitteranordnung Luftfahrtforschung 1928 Bd. 2, Heft 4
2	E. KNÖRNSCHILD	Untersuchungen an Turbinenschaufelgittern mit Hilfe einer Schaufelwaage Jahrbuch der deutschen Luftfahrtforschung 1941
3	E. KNÖRNSCHILD und K. LEIST	Untersuchungen an Turbinenschaufelgittern Jahrbuch der deutschen Luftfahrtforschung 1939 S.II 204
4	A.D.S. CARTER, S.J. ANDREWS und E.H. SHAW	Some Fluid Dynamic Research Techniques Proceedings 1950 of the Institution of Mechanical Engineers
5	W.R. NEW	An Investigation of Energy Losses in Steam-Turbine Elements by Impact - Traverse Static Test with Air at Subacoustic Velocities Transactions of the ASME August 1940 Seite 489 - 502
6	H. HAUSENBLAS	Druckverteilungsmessungen an einer sich hinter einem Turbinendüsengitter vorbeibewegenden Turbinenschaufel Bericht Braunschweiger Gittertagung 1944 (unveröffentlicht)
7	H. HAUSENBLAS	Versuche an Turbinenschaufelgittern Ingenieurarchiv 1951, Bd. 19, Heft 2, Seite 75 - 82
8	C. KELLER	Axialgebläse vom Standpunkt der Tragflügeltheorie Zürich 1934
9	H. KRAFT und T.M. BERRY	Automatic Integrating Pressure Traverse Recorder for Study of Flow Phenomena in Steam - Turbine Nozzles and Buckets Transactions of the A.S.M.E. Aug. 1940
10	W. OESTERLIN	Messungen an Verdichtern und Gasturbinen ATM Liefg. 206/209 März/Juni 1953 S. 57/58 und S. 127/130
11	I.R. ERWIN und James C. EMERY	Effekt of Tunnel Configuration and Testing Technique on Cascade Performance

12	A. BETZ	Energieumsetzung elastischer Gase in Schaufelgittern. Beitrag zur Theorie der Strömungsmaschinen
13	H. SCHLICHTING und N. SCHOLZ	Über die theoretische Berechnung der Strömungsverluste eines ebenen Schaufelgitters Ingenieur-Archiv 1950 Bd. 19 Heft 1 S.42 - 65
14	William S. SAWYER	Experimental Investigation of a stationary cascade of Aerodynamic Profils Verlag Leemann, Zürich, Mitteilg. aus dem Institut für Aerodynamik ETH Zürich
15	ANDRÉ JAUMOTTE	Les essais aérodynamiques d'aubage de turbomachines Bulletin Technique de l'association des ingenieures sorties de l'Université de Bruxelles Nr.3/1948 S. 59/70
16	MARCEL SEDILLE	Progrès récents dans l'aérodynamique des aubes de turbomachines Bulletin technique de l'association des ingenieures sorties de l'Université de Bruxelles Nr. 3/1948 S.71/87
17	K. BAMMERT und H. KLÄUKENS	Nabentotwasser hinter Leiträdern von axialen Strömungsmaschinen Ingenieur-Archiv 1949 Band 17 Seite 367

FORSCHUNGSBERICHTE DES WIRTSCHAFTS- UND VERKEHRSMINISTERIUMS NORDRHEIN-WESTFALEN

Herausgegeben von Ministerialdirektor Prof. Leo Brandt

Heft 1:
Prof. Dr.-Ing. Eugen Flegler, Aachen,
Untersuchungen oxydischer Ferromagnet-Werkstoffe

Heft 2:
Prof. Dr. phil. Walter Fuchs, Aachen,
Untersuchungen über absatzfreie Teeröle

Heft 3:
Techn.-Wissenschaftl. Büro für die Bastfaserindustrie, Bielefeld,
Untersuchungsarbeiten zur Verbesserung des Leinenwebstuhls

Heft 4:
Prof. Dr. E. A. Müller u. Dipl.-Ing. H. Spitzer, Dortmund,
Untersuchungen über die Hitzebelastung in Hüttenbetrieben

Heft 5:
Dipl.-Ing. Werner Fister, Aachen,
Prüfstand der Turbinenuntersuchungen

Heft 6:
Prof. Dr. phil. Walter Fuchs, Aachen,
Untersuchungen über die Zusammensetzung und Verwendbarkeit von Schwelteerfraktionen

Heft 7:
Prof. Dr. phil. Walter Fuchs, Aachen,
Untersuchungen über emsländisches Petrolatum

Heft 8:
Maria Elisabeth Meffert und Heinz Stratmann, Essen
Algen-Großkulturen im Sommer 1951

Heft 9:
Techn.-Wissenschaftl. Büro für die Bastfaserindustrie, Bielefeld,
Untersuchungen über die zweckmäßige Wicklungsart von Leinengarnkreuzspulen unter Berücksichtigung der Anwendung hoher Geschwindigkeiten des Garnes
Vorversuche für Zetteln und Schären von Leinengarnen auf Hochleistungsmaschinen

Heft 10:
Prof. Dr. Wilhelm Vogel, Köln,
„Das Streifenpaar" als neues System zur mechanischen Vergrößerung kleiner Verschiebungen und seine technischen Anwendungsmöglichkeiten

Heft 11:
Laboratorium für Werkzeugmaschinen und Betriebslehre, Technische Hochschule Aachen,
1. Untersuchungen über Metallbearbeitung im Fräsvorgang mit Hartmetallwerkzeugen und negativem Spanwinkel
2. Weiterentwicklung des Schleifverfahrens für die Herstellung von Präzisionswerkstücken unter Vermeidung hoher Temperaturen
3. Untersuchung von Oberflächenveredlungsverfahren zur Steigerung der Belastbarkeit hochbeanspruchter Bauteile

Heft 12:
Elektrowärme-Institut, Langenberg (Rhld.),
Induktive Erwärmung mit Netzfrequenz

Heft 13:
Techn.-Wissenschaftl. Büro für die Bastfaserindustrie, Bielefeld,
Das Naßspinnen von Bastfasergarnen mit chemischen Zusätzen zum Spinnbad

Heft 14:
Forschungsstelle für Acetylen, Dortmund,
Untersuchungen über Aceton als Lösungsmittel für Acetylen

Heft 15:
Wäschereiforschung Krefeld,
Trocknen von Wäschestoffen

Heft 16:
Max-Planck-Institut für Kohlenforschung, Mülheim a. d. Ruhr,
Arbeiten des MPI für Kohlenforschung

Heft 17:
Ingenieurbüro Herbert Stein, M. Gladbach,
Untersuchung der Verzugsvorgänge in den Streckwerken verschiedener Spinnereimaschinen. 1. Bericht: Vergleichende Prüfung mit verschiedenen Dickenmeßgeräten

Heft 18:
Wäschereiforschung Krefeld,
Grundlagen zur Erfassung der chemischen Schädigung beim Waschen

Heft 19:
Techn.-Wissenschaftl. Büro für die Bastfaserindustrie, Bielefeld,
Die Auswirkung des Schlichtens von Leinengarnketten auf den Verarbeitungswirkungsgrad, sowie die Festigkeits- und Dehnungsverhältnisse der Garne und Gewebe

Heft 20:
Techn.-Wissenschaftl. Büro für die Bastfaserindustrie, Bielefeld,
Trocknung von Leinengarnen I
Vorgang und Einwirkung auf die Garnqualität

Heft 21:
Techn.-Wissenschaftl. Büro für die Bastfaserindustrie, Bielefeld,
Trocknung von Leinengarnen II
Spulenanordnung und Luftführung beim Trocknen von Kreuzspulen

Heft 22:
Techn.-Wissenschaftl. Büro für die Bastfaserindustrie, Bielefeld,
Die Reparaturanfälligkeit von Webstühlen

Heft 23:
Institut für Starkstromtechnik, Aachen,
Rechnerische und experimentelle Untersuchungen zur Kenntnis der Metadyne als Umformer von konstanter Spannung auf konstanten Strom

Heft 24:
Institut für Starkstromtechnik, Aachen,
Vergleich verschiedener Generator-Metadyne-Schaltungen in bezug auf statisches Verhalten

Heft 25:
Gesellschaft für Kohlentechnik mbH., Dortmund-Eving,
Struktur der Steinkohlen und Steinkohlen-Kokse

Heft 26:
Techn.-Wissenschaftl. Büro für die Bastfaserindustrie, Bielefeld,
Vergleichende Untersuchungen zweier neuzeitlicher Ungleichmäßigkeitsprüfer für Bänder und Garne hinsichtlich Ihrer Eignung für die Bastfaserspinnerei

Heft 27:
Prof. Dr. E. Schratz, Münster,
Untersuchungen zur Rentabilität des Arzneipflanzenanbaues
Römische Kamille, Anthemis nobilis L.

Heft: 28:
Prof. Dr. E. Schratz, Münster,
Calendula officinalis L.
Studien zur Ernährung, Blütenfüllung und Rentabilität der Drogengewinnung

Heft 29:
Techn.-Wissenschaftl. Büro für die Bastfaserindustrie, Bielefeld,
Die Ausnützung der Leinengarne in Geweben

Heft 30:
Gesellschaft für Kohlentechnik mbH., Dortmund-Eving,
Kombinierte Entaschung und Verschwelung von Steinkohle; Aufarbeitung von Steinkohlenschlämmen zu verkokbarer oder verschwelbarer Kohle

Heft 31:
Dipl.-Ing. Störmann, Essen,
Messung des Leistungsbedarfs von Doppelsteg-Kettenförderern

Heft 32:
Techn.-Wissenschaftl. Büro für die Bastfaserindustrie, Bielefeld
Der Einfluß der Natriumchloridbleiche auf Qualität und Verwebbarkeit von Leinengarnen und die Eigenschaften der Leinengewebe unter besonderer Berücksichtigung des Einsatzes von Schützen- und Spulenwechselautomaten in der Leinenweberei

Heft 33:
Kohlenstoffbiologische Forschungsstation e. V.
Eine Methode zur Bestimmung von Schwefeldioxyd und Schwefelwasserstoff in Rauchgasen und in der Atmosphäre

Heft 34:
Textilforschungsanstalt Krefeld
Quellungs- und Entquellungsvorgänge bei Faserstoffen

Heft 35:
Professor Dr. Wilhelm Kast, Krefeld
Feinstrukturuntersuchungen an künstlichen Zellulosefasern verschiedener Herstellungsverfahren

Heft 36:
Forschungsinstitut der feuerfesten Industrie, Bonn
Untersuchungen über die Trocknung von Rohton. Untersuchungen über die chemische Reinigung von Silika- und Schamotte-Rohstoffen mit chlorhaltigen Gasen

Heft 37:
Forschungsinstitut der feuerfesten Industrie, Bonn
Untersuchungen über den Einfluß der Probenvorbereitung auf die Kaltdruckfestigkeit feuerfester Steine

Heft 38:
Forschungsstelle für Acetylen, Dortmund
Untersuchungen über die Trocknung von Acetylen zur Herstellung von Dissousgas

Heft 39:
Forschungsgesellschaft Blechverarbeitung e. V., Düsseldorf
Untersuchungen an prägegemusterten und vorgelochten Blechen

Heft 40:
Landesgeologe Dr.-Ing. W. Wolff, Amt für Bodenforschung, Krefeld
Untersuchungen über die Anwendbarkeit geophysikalischer Verfahren zur Untersuchung von Spateisengängen im Siegerland

Heft 41:
Techn.-Wissenschaftl. Büro für die Bastfaserindustrie, Bielefeld
Untersuchungsarbeiten zur Verbesserung des Leinenwebstuhles II

Heft 42:
Professor Dr. Burckhardt Helferich, Bonn
Untersuchungen über Wirkstoffe — Fermente — in der Kartoffel und die Möglichkeit ihrer Verwendung

Heft 43:
Forschungsgesellschaft Blechverarbeitung e. V., Düsseldorf
Forschungsergebnisse über das Beizen von Blechen

Heft 44:
Arbeitsgemeinschaft für praktische Dehnungsmessung, Düsseldorf
Eigenschaften und Anwendungen von Dehnungsmeßstreifen

Heft 45:
Losenhausenwerk Düsseldorfer Maschinenbau AG., Düsseldorf
Untersuchungen von störenden Einflüssen auf die Lastgrenzenanzeige von Dauerschwingprüfmaschinen

Heft 46:
Professor Dr. phil. W. Fuchs, Aachen
Untersuchungen über die Aufbereitung von Wasser für die Dampferzeugung in Benson-Kesseln

Heft 47:
Prof. Dr.-Ing. habil. Karl Krekeler, Aachen
Versuche über die Anwendung der induktiven Erwärmung zum Sintern von hochschmelzenden Metallen sowie zur Anlegierung und Vergütung von aufgespritzten Metallschichten mit dem Grundwerkstoff.

Heft 48:
Max-Planck-Institut für Eisenforschung, Düsseldorf,
Spektrochemische Analyse der Gefügebestandteile in Stählen nach ihrer Isolierung

Heft 49:
Max-Planck-Institut für Eisenforschung, Düsseldorf,
Untersuchungen über Ablauf der Desoxydation und die Bildung von Einschlüssen in Stählen

Heft 50:
Max-Planck-Institut für Eisenforschung, Düsseldorf,
Flammenspektralanalytische Untersuchung der Ferritzusammensetzung in Stählen

Heft 51:
Verein zur Förderung von Forschungs- und Entwicklungsarbeiten in der Werkzeugindustrie e. V., Remscheid,
Untersuchungen an Kreissägeblättern für Holz, Fehler- und Spannungsprüfverfahren

Heft 52:
Forschungsstelle für Azetylen, Dortmund,
Untersuchungen über den Umsatz bei der explosiblen Zersetzung von Azetylen
  a) Zersetzung von gasförmigem Azetylen,
  b) Zersetzung von an Silikagel adsorbiertem Azetylen

Heft 53:
Professor Dr.-Ing. H. Opitz, Aachen,
Reibwert- und Verschleißmessungen an Kunststoffgleitführungen für Werkzeugmaschinen

Heft 54:
Professor Dr.-Ing. habil. F. A. F. Schmidt, Aachen,
Schaffung von Grundlagen für die Erhöhung der spez. Leistung und Herabsetzung des spez. Brennstoffverbrauches bei Ottomotoren mit Teilbericht über Arbeiten an einem neuen Einspritzverfahren

Heft 55:
Forschungsgesellschaft Blechverarbeitung, Düsseldorf,
Chemisches Glänzen von Messing und Neusilber

Heft 56:
Forschungsgesellschaft Blechverarbeitung, Düsseldorf,
Untersuchungen über einige Probleme der Behandlung von Blechoberflächen

Heft 57:
Prof. Dr.-Ing. habil. F. A. F. Schmidt, Aachen,
Untersuchungen zur Erforschung des Einflusses des chemischen Aufbaues des Kraftstoffes auf sein Verhalten im Motor und in Brennkammern von Gasturbinen.

Heft 58:
Gesellschaft für Kohlentechnik m. b. H., Dortmund,
Herstellung und Untersuchung von Steinkohlenschwelteer.

Heft 59:
Forschungsinstitut der Feuerfest-Industrie, Bonn,
Ein Schnellanalysenverfahren zur Bestimmung von Aluminiumoxyd, Eisenoxyd und Titanoxyd in feuerfestem Material mittels organischer Farbreagenzien auf photometrischem Wege
Untersuchungen des Alkali-Gehaltes feuerfester Stoffe mit dem Flammenphotometer nach Riehm-Lange

Heft 60:
Forschungsgesellschaft Blechverarbeitung e. V., Düsseldorf,
Untersuchungen über das Spritzlackieren im elektrostatischen Hochspannungsfeld

Heft 61:
Verein zur Förderung von Forschungs- und Entwicklungsarbeiten in der Werkzeugindustrie e. V., Remscheid,
Schwingungs- und Arbeitsverhalten von Kreissägeblättern für Holz

Heft 62:
Professor Dr. W. Franz, Institut für theoretische Physik der Universität Münster,
Berechnung des elektrischen Durchschlags durch feste und flüssige Isolatoren

Heft 63:
Textilforschungsanstalt Krefeld,
Neue Methoden zur Untersuchung der Wirkungsweise von Textilhilfsmitteln
Untersuchungen über Schlichtungs- und Entschlichtungsvorgänge

Heft 64:
Textilforschungsanstalt Krefeld,
Die Kettenlängenverteilung von hochpolymeren Faserstoffen
Über die fraktionierte Fällung von Polyamiden

Heft 65:
Fachverband Schneidwarenindustrie, Solingen
Untersuchungen über das elektrolytische Polieren von Tafelmesserklingen aus rostfreiem Stahl

Heft 66:
Dr.-Ing. Peter Füsgen VDI †, Düsseldorf
Untersuchungen über das Auftreten des Ratterns bei selbsthemmenden Schneckengetrieben und seine Verhütung

Heft 67:
Heinrich Wösthoff o. H. G., Apparatebau, Bochum, Entwicklung einer chemisch-physikalischen Apparatur zur Bestimmung kleinster Kohlenoxyd-Konzentrationen

Heft 68:
Kohlenstoffbiologische Forschungsstation e. V., Essen
Algengroßkulturen im Sommer 1952
II. Über die unsterile Großkultur von Scenedesmus obliquus

Heft 69:
Wäschereiforschung Krefeld
Bestimmung des Faserabbaues bei Leinen unter besonderer Berücksichtigung der Leinengarnbleiche

Heft 70:
Wäschereiforschung Krefeld
Trocknen von Wäschestoffen

Heft 71:
Prof. Dr.-Ing. K. Leist, Aachen
Kleingasturbinen, insbesondere zum Fahrzeugantrieb

Heft 72:
Prof. Dr.-Ing. K. Leist, Aachen
Beitrag zur Untersuchung von stehenden geraden Turbinengittern mit Hilfe von Druckverteilungsmessungen

Heft 73:
Prof. Dr.-Ing. K. Leist, Aachen
Spannungsoptische Untersuchungen von Turbinenschaufelfüßen

Heft 74:
Max-Planck-Institut für Eisenforschung, Düsseldorf
Versuche zur Klärung des Umwandlungsverhaltens eines sonderkarbidbildenden Chromstahls

Heft 75:
Max-Planck-Institut für Eisenforschung, Düsseldorf
Zeit-Temperatur-Umwandlungs-Schaubilder als Grundlage der Wärmebehandlung der Stähle

Heft 76:
Max-Planck-Institut für Arbeitsphysiologie, Dortmund
Arbeitstechnische und arbeitsphysiologische Rationalisierung von Mauersteinen

Heft 77:
Meteor Apparatebau Paul Schmeck G. m. b. H., Siegen
Entwicklung von Leuchtstoffröhren hoher Leistung

VERÖFFENTLICHUNGEN
DER ARBEITSGEMEINSCHAFT FÜR FORSCHUNG
DES LANDES NORDRHEIN-WESTFALEN

Im Auftrage des Ministerpräsidenten Karl Arnold

Herausgegeben von Staatssekretär Prof. Leo Brandt

Heft 1:
Prof. Dr.-Ing. Friedrich Seewald, Technische Hochschule Aachen,
Neue Entwicklungen auf dem Gebiete der Antriebsmaschinen
Prof. Dr.-Ing. Friedrich A. F. Schmidt, Technische Hochschule Aachen,
Technischer Stand und Zukunftsaussichten der Verbrennungsmaschinen, insbesondere der Gasturbinen
Dr.-Ing. R. Friedrich, Siemens-Schuckert-Werke A.-G., Mülheimer Werk,
Möglichkeiten und Voraussetzungen der industriellen Verwertung der Gasturbine

Heft 2:
Prof. Dr.-Ing. Wolfgang Riezler, Universität Bonn,
Probleme der Kernphysik
Prof. Dr. phil. Fritz Micheel, Universität Münster,
Isotope als Forschungsmittel in der Chemie und Biochemie

Heft 3:
Prof. Dr. med. Emil Lehnartz, Universität Münster,
Der Chemismus der Muskelmaschine
Prof. Dr. med. Gunther Lehmann, Direktor des Max-Planck-Instituts für Arbeitsphysiologie, Dortmund,
Physiologische Forschung als Voraussetzung der Bestgestaltung der menschlichen Arbeit
Prof. Dr. Heinrich Kraut, Max-Planck-Institut für Arbeitsphysiologie, Dortmund,
Ernährung und Leistungsfähigkeit

Heft 4:
Prof. Dr. Franz Wever, Max-Planck-Institut für Eisenforschung, Düsseldorf,
Aufgaben der Eisenforschung
Prof. Dr.-Ing. Hermann Schenck, Technische Hochschule Aachen,
Entwicklungslinien des deutschen Eisenhüttenwesens
Prof. Dr.-Ing. Max Haas, Techn. Hochschule Aachen,
Wirtschaftliche und technische Bedeutung der Leichtmetalle und ihre Entwicklungsmöglichkeiten

Heft 5:
Prof. Dr. med. Walter Kikuth, Medizinische Akademie Düsseldorf,
Virusforschung
Prof. Dr. Rolf Danneel, Universität Bonn,
Fortschritte der Krebsforschung
Prof. Dr. med. Dr. phil. W. Schulemann, Univ. Bonn,
Wirtschaftliche und organisatorische Gesichtspunkte für die Verbesserung unserer Hochschulforschung

Heft 6:
Prof. Dr. Walter Weizel, Institut für theoretische Physik, Bonn,
Die gegenwärtige Situation der Grundlagenforschung in der Physik
Prof. Dr. Siegfried Strugger, Universität Münster,
Das Duplikantenproblem in der Biologie
Prof. Dr. Rolf Danneel, Universität Bonn,
Über das Verhalten der Mitochondrien bei der Mitose der Mesenchymzellen des Hühner-Embryos
Direktor Dr. Fritz Gummert, Ruhrgas A.-G., Essen,
Überlegungen zu den Faktoren Raum und Zeit im biologischen Geschehen und Möglichkeiten einer Nutzanwendung

Heft 7:
Prof. Dr.-Ing. August Götte, Technische Hochschule Aachen,
Steinkohle als Rohstoff und Energiequelle
Prof. Dr. e. h. Karl Ziegler, Max-Planck-Institut für Kohlenforschung Mülheim a. d. Ruhr,
Über Arbeiten des Max-Planck-Instituts für Kohlenforschung

Heft 8:
Prof. Dr.-Ing. Wilhelm Fucks, Technische Hochschule Aachen,
Die Naturwissenschaft, die Technik und der Mensch
Prof. Dr. sc. pol. Walther Hoffmann, Universität Münster,
Wirtschaftliche und soziologische Probleme des technischen Fortschritts

Heft 9:
Prof. Dr.-Ing. Franz Bollenrath, Technische Hochschule Aachen,
Zur Entwicklung warmfester Werkstoffe
Dr. Heinrich Kaiser, Staatl. Materialprüfungsamt Dortmund,
Stand spektralanalytischer Prüfverfahren und Folgerung für deutsche Verhältnisse

Heft 10:
Prof. Dr. Hans Braun, Universität Bonn,
Möglichkeiten und Grenzen der Resistenzzüchtung
Prof. Dr.-Ing. Carl Heinrich Dencker, Universität Bonn,
Der Weg der Landwirtschaft von der Energieautarkie zur Fremdenergie

Heft 11:
Prof. Dr.-Ing. Herwart Opitz, Technische Hochschule Aachen,
Entwicklungslinien der Fertigungstechnik in der Metallbearbeitung
Prof. Dr.-Ing. Karl Krekeler, Technische Hochschule Aachen,
Stand und Aussichten der schweißtechnischen Fertigungsverfahren

Heft: 12
Dr. Hermann Rathert, Mitglied des Vorstandes der Vereinigten Glanzstoff-Fabriken A.-G., Wuppertal-Elberfeld,
Entwicklung auf dem Gebiet der Chemiefaser-Herstellung
Prof. Dr. Wilhelm Weltzien, Direktor der Textilforschungsanstalt Krefeld,
Rohstoff und Veredlung in der Textilwirtschaft

Heft: 13
Dr.-Ing. e. h. Karl Herz, Chefingenieur im Bundesministerium für das Post- und Fernmeldewesen Frankfurt a. Main,
Die technischen Entwicklungstendenzen im elektrischen Nachrichtenwesen
Ministerialdirektor Dipl.-Ing. Leo Brandt, Düsseldorf,
Navigation und Luftsicherung

Heft 14:
Prof. Dr. Burckhardt Helferich, Universität Bonn,
Stand der Enzymchemie und ihre Bedeutung
Prof. Dr. med. Hugo W. Knipping, Direktor der Med. Universitätsklinik Köln,
Ausschnitt aus der klinischen Carcinomforschung am Beispiel des Lungenkrebses

Heft 15:
Prof. Dr. Abraham Esau, Technische Hochschule Aachen,
Die Bedeutung von Wellenimpulsverfahren in Technik und Natur
Prof. Dr.-Ing. Eugen Flegler, Technische Hochschule Aachen,
Die ferromagnetischen Werkstoffe in der Elektrotechnik und ihre neueste Entwicklung

Heft 16:
Prof. Dr. rer. pol. Rudolf Seyffert, Universität Köln,
Die Problematik der Distribution
Prof. Dr. rer. pol. Theodor Beste, Universität Köln,
Der Leistungslohn

Heft 17:
Prof. Dr.-Ing. Friedrich Seewald, Technische Hochschule Aachen,
Die Flugtechnik und ihre Bedeutung für den allgemeinen technischen Fortschritt
Prof. Dr.-Ing. Edouard Houdremont, Essen,
Art und Organisation der Forschung in einem Industriekonzern

Heft 18:
Prof. Dr. med. Dr. phil. W. Schulemann, Universität Bonn,
Theorie und Praxis pharmakologischer Forschung
Prof. Dr. Wilhelm Groth, Direktor des Physikalisch-Chemischen Instituts, Universität Bonn,
Technische Verfahren zur Isotopentrennung

Heft 19:
Dipl.-Ing. Kurt Traenckner, Stellvertr. Vorstandsmitglied der Ruhrgas-A.G., Essen,
Entwicklungstendenzen der Gaserzeugung

Heft 21:
Prof. Dr. phil. Robert Schwarz, Aachen,
Wesen und Bedeutung der Silicium-Chemie
Prof. Dr. Kurt Alder, Universität Köln,
Fortschritte in der Synthese von Kohlenstoffverbindungen

Heft 21 a
Jahresfeier der Arbeitsgemeinschaft für Forschung des Landes Nordrhein-Westfalen am 21. 5. 1952 in Düsseldorf mit Ansprachen des Herrn Bundespräsidenten Professor Dr. Theodor Heuss, des Herrn Ministerpräsidenten Arnold, Frau Kultusminister Teusch, der Herren Professor Dr. Hahn, Professor Dr. Strugger, Vizepräsident Dobbert, Professor Dr. Richter, Professor Dr. Fucks.

Heft 22:
Prof. Dr. Johannes von Allesch, Universität Göttingen,
Die Bedeutung der Psychologie im öffentlichen Leben
Prof. Dr. med. Otto Graf, Max-Planck-Institut für Arbeitsphysiologie, Dortmund,
Triebfedern menschlicher Leistung

Heft 23:
Prof. Dr. phil. Dr. jur. h. c. Bruno Kuske, Universität Köln,
Probleme der Raumforschung
Prof. Dr. Dr.-Ing. e. h. Prager,
Städtebau und Landesplanung

Heft 23 a:
M. Zvegintzov, Wissenschaftliche Forschung und die Auswertung ihrer Ergebnisse. Ziel und Tätigkeit der National Research Development Corporation
Dr. Alexander King, Department of Scientific & Industrial Research, London,
Wissenschaft und internationale Beziehungen

Heft 24:
Prof. Dr. Rolf Danneel, Universität Bonn,
Über die Wirkungsweise der Erbfaktoren
Prof. Dr. K. Herzog, Medizinische Akademie Düsseldorf,
Bewegungsbedarf der menschlichen Gliedmaßengelenke bei der Berufsarbeit

Heft 25:
Prof. Dr. O. Haxel, Heidelberg,
Energiegewinnung aus Kernprozessen
Dr. Dr. Max Wolf, Düsseldorf,
Gegenwartsprobleme der energiewirtschaftlichen Forschung

Heft 26:
Prof. Dr. Friedrich Becker, Universität Bonn,
Ultrakurzwellen aus dem Weltraum, ein neues Forschungsgebiet der Astronomie
Dozent Dr. H. Straßl, Bonn,
Bemerkenswerte Doppelsterne und das Problem der Sternentwicklung

Heft 27:
Prof. Dr. Heinrich Behnke, Universität Münster,
Der Strukturwandel der Mathematik in der ersten Hälfte des 20. Jahrhunderts
Prof. Dr. E. Sperner, Bonn,
Eine mathematische Analyse der Luftdruckverteilungen in großen Gebieten

Heft 28:
Prof. Dr. O. Niemczyk, Aachen,
Die Problematik gebirgsmechanischer Vorgänge im Steinkohlenbergbau
Prof. Dr. W. Ahrens, Krefeld,
Die Bedeutung geologischer Forschung für die Wirtschaft, besonders in Nordrhein-Westfalen

Heft 29:
Prof. Dr. B. Rensch, Münster,
Das Problem der Residuen bei Lernleistungen
Prof. Dr. H. Fink, Köln,
Über Leberschäden bei der Bestimmung des biologischen Wertes verschiedener Eiweiße von Mikroorganismen

Heft 30:
Prof. Dr.-Ing. F. Seewald, Aachen,
Forschungen auf dem Gebiete der Aerodynamik
Prof. Dr.-Ing. K. Leist, Aachen,
Forschungen in der Gasturbinentechnik

Heft 31:
Direktor Dr. F. Mietzsch, Wuppertal,
Chemie und wirtschaftliche Bedeutung der Sulfonamide
Prof. Dr. G. Domagk, Wuppertal,
Die experimentellen Grundlagen der Chemotherapie der bakteriellen Infektionen

Heft 32:
Prof. Dr. Hans Braun, Universität Bonn,
Die Verschleppung von Pflanzenkrankheiten und -schädlingen über die Welt
Prof. Dr. Wilhelm Rudorf, Max-Planck-Institut für Züchtungsforschung, Voldagsen,
Der Beitrag von Genetik und Züchtung zur Bekämpfung von Viruskrankheiten der Nutzpflanzen

Heft 33:
Prof. Dr.-Ing. V. Aschoff, Aachen,
Probleme der elektroakustischen Einkanalübertragung
Prof. Dr.-Ing H. Döring, Aachen,
Erzeugung und Verstärkung von Mikrowellen

Heft 34:
Geheimrat Prof. Dr. Rudolf Schenck, Aachen,
Bedingungen und Gang der Kohlenhydratsynthese im Licht
Prof. Dr. Emil Lehnartz, Universität Münster,
Die Endstufen des Stoffabbaus im Organismus

Heft 35:
Prof. Dr.-Ing. H. Schenk, Aachen,
Gegenwartsprobleme der Eisenindustrie in Deutschland
Prof. Dr.-Ing. E. Piwowarsky, Aachen,
Gelöste und ungelöste Probleme des Gießereiwesens

Geisteswissenschaften

Heft 1:
Prof. Dr. W. Richter, Bonn,
Die Bedeutung der Geisteswissenschaften für die Bildung unserer Zeit
Prof. Dr. J. Ritter, Münster,
Die aristotelische Lehre vom Ursprung und Sinn der Theorie

Heft 2:
Prof. Dr. J. Kroll, Köln,
Elysium
Prof. Dr. G. Jachmann, Köln,
Die vierte Ekloge Vergils

Heft 3:
Prof. Dr. H. E. Stier, Münster,
Die klassische Demokratie

Heft 4:
Prof. Dr. W. Caskel, Köln,
Lihjan und Lihjanisch. Sprache und Kultur eines früharabischen Königreiches

Heft 5:
Prof. Dr. Th. Ohm, Münster,
Stammesreligionen im südlichen Tanganyika-Territorium. — Religionswissenschaftliche Ergebnisse meiner Ostafrikareise 1951

Heft 6:
Prälat Prof. Dr. G. Schreiber, Münster,
Deutsche Wissenschaftspolitik von Bismarck bis zum Atomphysiker Otto Hahn

Heft 7:
Prof. Dr. W. Holtzmann, Bonn,
Das mittelalterliche Imperium und die werdenden Nationen

Heft 8:
Prof. Dr. W. Caskel, Köln,
Die Bedeutung der Beduinen in der Geschichte der Araber

Heft 9:
Prälat Prof. Dr. G. Schreiber, Münster,
Iroschottische und angelsächsische Kultureinflüsse im Mittelalter

Heft 10:
Prof. Dr. P. Rassow, Köln,
Forschungen zur Reichsidee im 16. und 17. Jahrhundert

Heft 11:
Prof. Dr. H. E. Stier, Münster,
Roms Aufstieg zur Weltherrschaft

Heft 12:
Prof. Dr. D. K. H. Rengstorf, Münster,
Zum Problem der Gleichberechtigung zwischen Mann und Frau auf dem Boden des Urchristentums
Prof. Dr. H. Conrad, Bonn,
Grundprobleme einer Reform des Familienrechts

Heft 13:
Professor Dr. Max Braubach, Bonn,
Der Weg zum 20. Juli 1944 — Ein Forschungsbericht

Heft 14:
Prof. Dr. Paul Hübinger, Münster
Das deutsch-französische Verhältnis und seine mittelalterlichen Grundlagen

Heft 15:
Prof. Dr. Franz Steinbach, Bonn,
Der geschichtliche Weg des wirtschaftenden Menschen in die soziale Freiheit und politische Verantwortung

Heft 16:
Prof. Dr. Josef Koch, Köln,
Die Ars coniecturalis des Nikolaus von Cues

Heft 17:
Dr. James B. Conant,
U.S.-Hochkommissar für Deutschland,
Staatsbürger und Wissenschaftler
Prof. Dr. D. Karl Heinrich Rengstorf, Münster,
Antike und Christentum

Heft 18:
Prof. Dr. Richard Alewyn, Köln,
Klopstocks Publikum

Heft 19:
Prof. Dr. Fritz Schalk, Köln,
Das Lächerliche in der französischen Literatur des Ancien Régime

Heft 20:
Prof. Dr. Ludwig Raiser, Bad Godesberg,
Präsident der Deutschen Forschungsgemeinschaft
Rechtsfragen der Mitbestimmung

Heft 21:
Prof. D. Martin Noth, Bonn,
Das Geschichtsverständnis der alttestamentlichen Apokalyptik

If you have any concerns about our products,
you can contact us on
ProductSafety@springernature.com

In case Publisher is established outside the EU,
the EU authorized representative is:
**Springer Nature Customer Service Center GmbH
Europaplatz 3, 69115 Heidelberg, Germany**

Printed by Libri Plureos GmbH
in Hamburg, Germany